U0356059

图书在版编目(CIP)数据

室内设计师.12/《室内设计师》编委会编.–北京：
中国建筑工业出版社，2008
ISBN 978-7-112-10230-3

Ⅰ.室… Ⅱ.室… Ⅲ.室内设计–丛刊 Ⅳ.TU238-55

中国版本图书馆CIP数据核字(2008)第109869号

室内设计师 12
《室内设计师》编委会 编
电子邮箱：ider.2006@yahoo.com.cn

中国建筑工业出版社出版、发行
各地新华书店、建筑书店 经销
恒美印务（番禺南沙）有限公司 制版、印刷

开本：965×1270毫米 1/16 印张：10 字数：400千字
2008年8月第一版 2008年8月第一次印刷
定价：30.00元
ISBN978-7-112-10230-3
（17033）

目录

CONTENTS

VOL.12

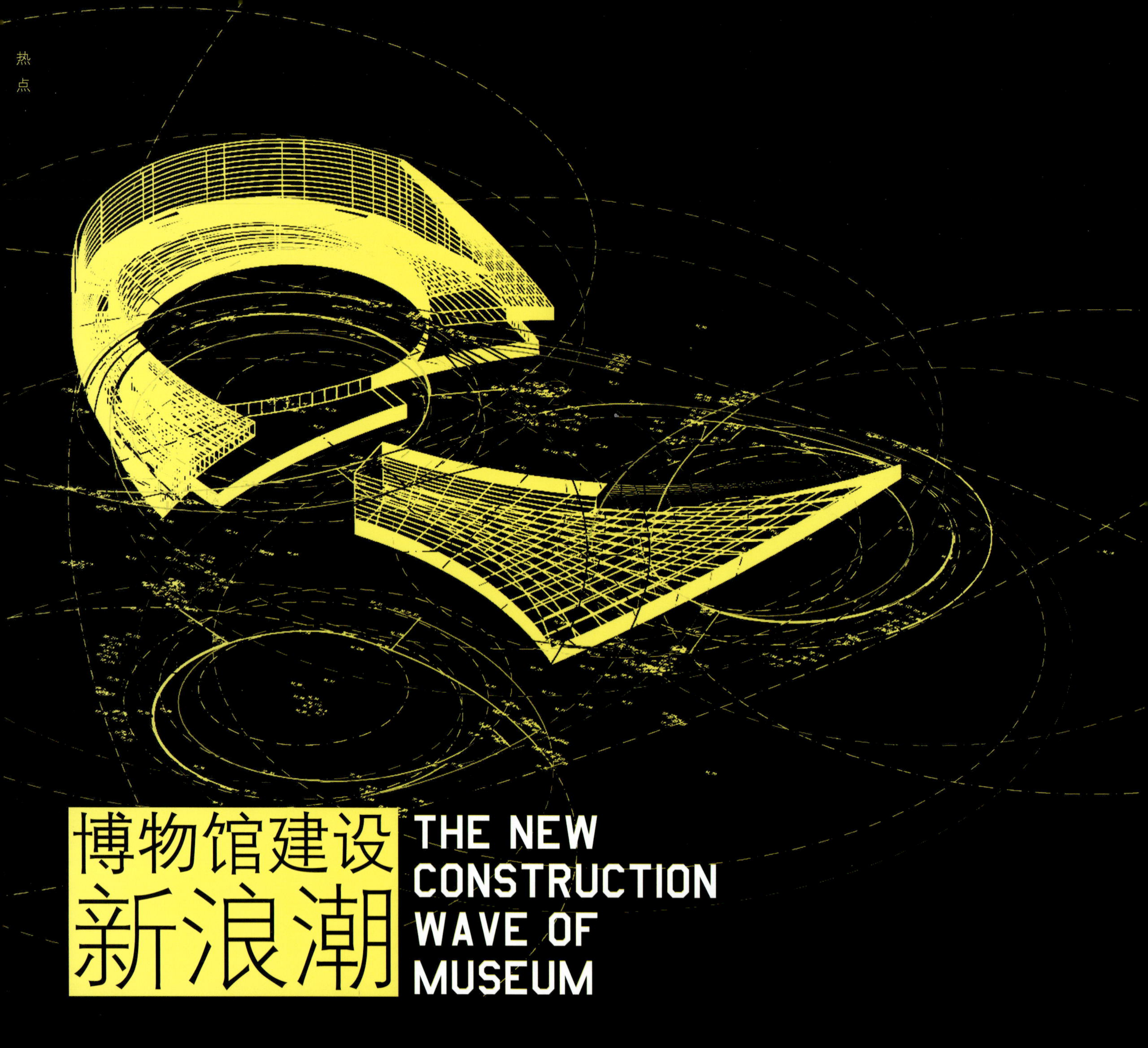

博物馆建设新浪潮 THE NEW CONSTRUCTION WAVE OF MUSEUM

这是一个博物馆的时代。

2006年中秋节，投资3.39亿元，由国际著名建筑师贝聿铭设计的苏州博物馆新馆开馆；

2007年年底，投资9亿元的广东省博物馆新馆开馆；

旅游胜地海南岛最近建立了一个树根博物馆；

工业小城常州正在建设烟标烟具博物馆新馆；

历史古城西安大兴土木，正在筹建唐大明宫丹凤门遗址博物馆、西市博物馆、咸阳博物馆等。

与此同时，就全国范围而言，近年来有关性文化、油灯、啤酒、盐乃至自来水的各类新博物馆也都在建设之中。

在2006年发布的“十一五”规划中，作为重要的基础设施，在各个城市大规模的扩张计划中，每个县市都提出了博物馆新建或扩建的计划。

为此，《华尔街日报》中文版曾援引国内某位高级官员的表态，称中国政府早已制定了一个庞大的目标："要在2010年前建设或翻新1000家博物馆。"这一想法随着奥运会和上海世博会的临近而更显紧迫。为了在外国游客面前树立良好形象，各城市都萌生了建设至少一家博物馆的冲动。

大量博物馆的新建和扩建使博物馆建筑在当代建筑领域中担当着越来越重要的角色，使其不仅成为引领建筑学科发展的风向标，也成为衡量当代社会发展和文化演变的晴雨表。目前很多美术馆不再是“默默无闻的盒子”，原本为艺术品设计的功能性容器，完全为艺术品服务，展示空间的设计完全基于光线、色彩，游客从外部进入内部空间的流线，以及艺术品陈列的最佳状态。这些不再是建筑师唯一关注的内容。博物馆建筑渴望超越其他建筑类型，成为一种“艺术品”。

我们可以说博物馆空间在建筑容器的内部与外部空间之间不断流动，因此博物馆建筑成为二分法的表达。但博物馆是否不仅是一个容纳艺术品的空间，同时自身也将作为一种建筑作品来展示？

在我们这期的内容中我们试图去解答这个关于“容器”的问题，而我们也将博物馆的概念放大不仅选择了作为城市地标的博物馆空间，也选择了一些小型的美术馆空间，甚至是一些画廊空间与展览空间，试图从多元角度来剖析这一多元文化。

——编者按

博物馆作为城市图标

THE MUSEUM AS AN ICON OF URBAN SPACE

撰 文 | 苏珊娜·费里尼

在当代建筑研究领域，博物馆在城市和公共空间的建构中担当着重要的角色。

世界上每一周就有两个新的博物馆开放，这表明用于文化交流作用的空间越来越成为一种认知符号，定义出区分各种阶层的界限。

近年来，新博物馆的修建成为众人瞩目的焦点，鲜明地展现出建筑在城市变更过程中的重要作用，甚至可以说，建筑设计在城市规划中的首要地位由此确立起来。

建筑创作也受到强烈的影响：弗兰克·盖里在毕尔巴鄂的古根海姆博物馆和赫尔佐格和德梅隆在伦敦的泰特现代艺术馆——这两幢20世纪以来最受大众文化认同的建筑的诞生绝非偶然，它们的出现有多重意义，表明了博物馆已经成为引领建筑学科探索的重要主题。这些建筑除了带来专业领域的进步，还使得我们确信，博物馆空间已经逐渐成为媒体和大众进行文化碰撞和交流的首选场所。

于是，博物馆变成公共交流场所和新兴文化阵地。博物馆开始更多地作为一种符号"呈现"这些公共仪式，而不是将自己的作用仅限于艺术作品的展示。

与此同时，当代博物馆的参观者和使用者的态度也在发生改变，分化出对于博物馆的不同利用方式：从最基本的快速扼要地掌握几点有关主题的重要概念，到更深层次地去理解庞杂的延伸和相关的艺术事件，博物馆也成为大众休闲和文化旅游的场所。

在建筑设计中，公众/参观者逐渐成为决定建筑形式的重要因素。空间流线和材质引导着人们的视觉和感知。实际上，同大多数当代博物馆一样，前文所提到的两幢建筑都是以巨大的室内入口空间为特点的：在泰特现代艺术馆，河岸电厂巨大的汽轮机大厅的体量占到了整个建筑的1/3，是世界上最大的市内公共空间，古根海姆博物馆的中央大厅面积达300m²，高度达50m，它并不用作展示，而是作为新的公共空间贡献给城市，希望能为建筑内外带来舒畅的交流环境。

事实上，博物馆如何在"容器"和"内容"间取得平衡是现当代被广泛讨论的一个问题，其中一方面是作为外表皮的建筑形式，通过各种表面处理与外界交流，而另一方面是作为内容的展品。

博物馆逐渐成为当代城市空间中重要的标志性元素，它像"容器"一样容纳着人流、事件和信息，并且作为可辨识的符号存在于城市之中。博物馆的外表倾向于更加鲜明地表达情感和认知，而参观者即建筑使用者与陈展内容之间也更加互动，形成更加便捷的交流关系。

在很多案例中，博物馆建筑促进了城市空间的改变并决定了其演变方向。另外，人们对城市规划越来越不信任，同时还认识到城市的状态由其平面结构所决定，于是，建筑被作为具有高度象征意义的元素植入到城市中，强烈地表征出城市的身份。

不容置疑，从1980年代开始，我们见证了博物馆介入城市的转型过程。新的大型博物馆项目都有明确的目的，即影响并引导城市的发展。这个潮流的到来成为传统的博物馆的终结，从前的博物馆给人的印象是封闭以自我为中心的"盒子"，它们仅仅被作为展示藏品和艺术珍品的"幕布"，与外界环境没有关系。这个转变过程中的重要项目有库哈斯的艺术中心、斯蒂文·霍尔在赫尔辛基的当代艺术博物馆和让·努维尔在巴黎的阿拉伯研究中心，这些建筑设计都兼顾了几何造型和城市肌理。

在今天，我们问自己，是什么让博物馆这个建筑类型跻身于建筑研究领域的核心位置，并且成为展现当代文化演变的舞台。事实上，

纳尔逊－阿特金斯艺术博物馆（摄影：Andy Rayn）

MUSEUM

1 梅赛德斯－奔驰汽车博物馆（摄影：Christian Richters ©UN Studio）
2 梅赛德斯－奔驰汽车博物馆（资料提供：德国斯图加特旅游局）
3 纳尔逊－阿特金斯艺术博物馆（摄影：Andy Rayn）

全世界特别是欧洲的博物馆建设形势异常高涨，于是哈拉尔德 · 塞曼(Harald Szeemaan)感叹道："对一位建筑师来讲，在今天建造一幢博物馆就好像从前建一幢教堂一样。"同时，另一个让人难以置信的现实是："在瑞士，平均每 9000 个居民就拥有一幢博物馆。"

一方面，这个转变带来的积极影响是艺术品不再被局限在自闭的精英体系中，建筑开始重新在更加广阔的领域去探寻它的价值，同时寻求与来访者达到更深层的"共鸣"。另一方面，转变也带来了危机，博物馆建筑变得极端"景象化"，表现在将陈展的内容过度地体现在建筑的形式中，一个盛行的思想是，将博物馆的主题转化为"感官"上的"震惊"。

通过博物馆形式表达展示主题的案例有很多，博物馆本身成为一件被展示的艺术品。由丹尼尔 · 里勃斯金设计的柏林犹太人博物馆的诞生并非偶然，早在布展之前，这座建筑的访问量就达到了 35 万人，建筑的形式表达了强烈的情感，所以内部的展示显得有些"重复"。

可以这样阐述这种"博物馆——容器"，即一个巨大的外部表情丰富的"盒子"，内部却保持"中性"，这样布展就成为二次设计，像为室内附上另一层"皮肤"。

然而，从"现代主义"运动建筑大师的新

博物馆实践作品中，我们体会到迥然不同的理念。比如赖特、路易斯·康，特别是欧洲的卡罗·斯卡帕和弗朗哥·阿尔兵尼，后者在维持齐奥城堡博物馆和热那亚的“Museo del Tesoro San Lorenzo”在此也值得一提，在这些作品中，布展的构思是和建筑一体考虑的。建筑主题和陈展主题相辅相成，像一个不可分割的“整体”，而且，最中心的目的是，要达成使用者即观展人与展示内容之间的一种关系，在这一过程中，建筑师成为“媒介”，去辅助理解而不是成为交流的隔膜和障碍。

博物馆开始像图标和符号一样，采用有强烈视觉冲击的形式。于是，关于博物馆应该做“中性”空间还是“艺术品”的争论成为焦点，早在1998年，弗兰克·盖里就曾在一篇论文中探讨过这个问题。在盖里的论著中，博物馆需要“中性”这个概念本身就不成立：“艺术家喜欢在有强烈个性的建筑中布展，他们不喜欢在中性的空间中展出自己的作品。”即使推行的是比较特别的理念，雅克·赫尔佐格仍然认为建筑应该坚持自己的特点，而不能否定自身：“我觉得太多的博物馆为了展示的需要被设计成没有特色、平淡乏味的展室……由原来的河岸电厂改造的泰特美术馆最终会拥有非常宁静的陈列室，但是它的空间仍然会具有非常戏剧化的氛围，我们在大尺度和小尺度空间之间形成对比，形成让人惊异的效果。”以上这些虽然只是一些当代的设计事件，但我们试图通过它们找到一条连续的主线，索引出为“现代”博物馆理念奠基作出过贡献的那些建筑大师。最后的目标可能是在建筑和展示之间形成一种和谐的关系，并且让博物馆成为一种适应性很强的体系，自身不断完善和发展。

当代的博物馆仿佛机械装置，运用到非常复杂和先进的技术，组织空间和功能时也留出足够的机动空间，它们的设施和多媒体交流设备都可以更新和升级，与历史研究和科技发展同步。

总结了博物馆探索的特点，可以从以下几个方面进行阐述。

博物馆作为城市组成部分

如果我们一定要找到一个融入城市设计的博物馆的原型，毋庸置疑的应该是卡尔·弗莱德里希·辛克尔（Karl Friedrich Schinkel）1824~1830年间在柏林施普雷河沿岸设计的旧博物馆。旧博物馆曾为德国首个公共博物馆中心的发源核，它是第一个作为公共建筑的博物馆。博物馆岛的修建持续了近一个世纪，建设依据平面规划进行，建筑设计注重相互间的关系，包括新博物馆、旧国家展示馆、博德博物馆和佩加蒙博物馆，佩加蒙博物馆中展示了希腊佩加蒙山上发现的献给宙斯的巨大的祭坛。

德国博物馆岛是一座复杂的博物馆城市系统，它形成了具有强烈特色的城市环境，就像奥特纳与奥特纳事务所（Ortner & Ortner）设计的植入维也纳城市中的巨大的博物馆区一样。

事实上，博物馆城是一个设施复杂的城市系统，里面包含着交通和城市中的各种活动。另一方面，在欧洲，文化更新问题及其与大型历史城市间的关系备受关注，通过修建博物馆将“新”植入到老城肌理中的方法是最可行的，从一开始，这些博物馆就被作为这些城市的符号和标志来进行构思和设计。

推动文化观光事业是许多城市的目标，这也使新的博物馆中心体现出更加丰富与多元化的趋势：贝聿铭为巴黎卢浮宫设计的玻璃金字塔、鲁迪·里乔蒂新加建伊斯兰艺术翼、乌菲兹对矶崎新的巨型入口顶棚发出挑战、泰特现代艺术馆已经计划由赫尔佐格与德梅隆来设计新一期的加建。

当下实践中的博物馆项目正是以引导城市发展为理念的。

近几十年来，很多城市都通过新建大型博物馆来达到更新城市面貌的目的，巴黎、伦敦、

AN ICON OF URBAN SPACE

柏林、维也纳、毕尔巴鄂和罗马只是众多重要欧洲城市中的几个例子。博物馆成为体现国家政治和文化生活的理想载体，并且向外宣传国家面貌。

最具有代表性的例子要数毕尔巴鄂兴建的古根海姆博物馆，它使得整个地区的经济重新启航并且促进了区域文化的发展，其作用非常强大，以至于“毕尔巴鄂”已经成为快速发展的同义词。

在今天，我们对新博物馆的期望是什么？

事实上，对博物馆概括出一个思想或者理念是不可能的。

用于展示当代艺术成就的博物馆机构和中心的状况与整个大的文化环境息息相关。在当下，正在发生的一个巨变是大众开始热衷于到艺术和文化场所去活动。全球的社会组群共同在一个网络内相互交流，而博物馆逐渐融入其中。

不仅如此，博物馆还是一种消费的场所，文化景象在这里被消费。在这里，人们获取融入公共交流平台的通行密码，大众基本而急切的感知需求得到满足。在博物馆里，我们期望作为一分子参与到世界这个大社区中，而建筑必须要回应并满足这种需求。

多重任务

新博物馆的思想是将一系列复杂的空间和功能组织在一起，这可以比喻成数字技术中的多重任务。如果愿意，可以感受发现这一理念带来的体验，乃至其影响。博物馆成为一种能体现信息社会特征的机械装置，在这个社会中，人们用同样的精力同时处理不同的工作，好像时间被压缩了一样。多重任务是一种来自于当代社会的全新体验。更通俗地讲，博物馆已经包括两种复杂的系统，博览和收藏以及为创作和科研展示提供场所，因此需要博物馆承担多重任务。

蓬皮杜中心当然是这一概念的始祖，博物馆像一个机器，允许临时展览空间和用于举行“事件”的空间“共存”，它容纳了展室、大型图书馆和档案室、多媒体室、会议中心和放映室，以及从大空间中划分出来的商店和休息空间，例如书店、餐厅和自助餐厅。

遍及全球的博物馆网络

新兴大众文化观光的运作和传播机制加速了博物馆的修建，建设地点不仅仅在大都市，还有那些相对较小的艺术中心地区，以及那些正在经历转型和寻求新形象的城镇。在描述媒体和信息网络为主导的当代社会中出现的新现象时，保罗 · 维瑞里奥谈到了从20世纪下半叶开始的从“社会群体”到“个体群体”的一个转型，这个转变以全球化的行为模式为特征，个人虽然有自己的感知和经验，但都受到从网络播散而来的信息的影响。

一个令人兴奋的发现是，博物馆虽然是公共空间，但它同时也是观众主体个人经历和体验的场所，人们在其中获得自我的空间并且与展品进行交流。

许多博物馆理念需要对大众文化做出回应：这就形成博物馆的两个方面的要求，一方面要提供尽量多的文化项目，另一方面要更深地发掘与陈展相关的内容。

1 | 2 3

1 梅赛德斯－奔驰汽车博物馆（摄影：Christian Richters ©UN Studio）
2 格拉兹艺术之家（摄影：Nicolas Lackner）
3 保时捷博物馆（资料提供：Konzept 3D）

博物馆网络被看作未来博物馆的发展方向，古根海姆博物馆是这一类的典型，它在世界各地有着各式各样的展馆：纽约、威尼斯、拉斯维加斯、柏林、毕尔巴鄂……"古根海姆的概念是要建跨国性质的博物馆空间。我们的评论称我们是'连锁'博物馆，或者将它们比作是'麦当劳'式的连锁式经营，但其实这完全没有说到点子上。'连锁'经营模式意味着绝对标准化和对地方特征的忽略，而古根海姆在构建博物馆网络时恰恰采取的是与之相反的思路。没有两个案例是一样的或者大致相似的。"托马斯·克恩这样说道。这些话重点叙述了一种新的博物馆建设策略：在不同的国家设置博物馆，建筑的特点由当地的特点和陈展主题所决定，博物馆网络这种模式必将促进当代社会中文化的"游移"。

博物馆的外表皮

博物馆对城市的巨大作用和它作为文化"焦点"的重要角色使得建筑的外观备受瞩目。通常，外表的设计往往体现出建筑对于城市文脉的回应和阐释，其中的思想都需要高度的物化，所以产生一个有趣的结果，即可以将建筑的外表皮也视作一件展品，它同样令人惊奇。炙手可热的博物馆建筑的"景象化"趋势体现在两方面的尝试上，即运用新材料、新形式和追求"大"尺度。已经出现的博物馆中心就是一种囊括了很多项目的大体系，它像一个"大本营"，规模和完整程度可以自给自足，其中功能多样，包括文化、研究和旅游观光。然而，建筑外观所表现的主题仍然是焦点所在，探索建筑外"表皮"的物质性是一个富有趣味的过程。外表皮往往被描述为博物馆和城市空间之间的界面，它成为交流理念的介质。在赫尔佐格和德梅隆设计的一个博物馆项目中，建筑的外表面是以显示数字图像为特征的，它跨时代地准确地表达出了变革的概念。

从彼得·卒姆托在奥地利的博物馆中可以读出他对材料和意义的执着追求。他设计了一个"厚"而不透明的玻璃外表面，到了夜间情况却发生反转，建筑成为布雷根茨边熠熠发光的地标。

流线和交通

当代博物馆建筑的一个重要主题就是试图营造非常流畅的空间，并且避免任何物体破坏和打断这种连贯性。建筑的形式应该强化这种内部的流动性和室内外的流通感，提升流线组织和内部交通的地位，且在建筑形式上也体现动态并倾向于营造富有变化的视觉景象。

当代的博物馆建筑在空间组织上进行了大量的尝试——博物馆成为空间序列的集合。

在蓬皮杜中心，包裹着自动扶梯和交通空间的巨大管道被布置在建筑的外部，这样不仅展示出竖向交通的组织方式，还可以站在上面鸟瞰城市，博物馆通过这样的方式融入到这个历史城市的空间中。

主题博物馆成为未来发展方向

总之，博物馆设计的研究一直与最重要的博物馆机构的更新工程和各种专业博物馆即所谓主题博物馆的建设相辅相成。

当代博物馆设计理念也受到这两方面实践的强烈影响。一方面，大型的建设本身就有很强的综合性，比如卢浮宫就不停地进行着更新和加建。另一方面，涉及主题的专业博物馆往往通过建筑形式强烈地体现其主体。这些博物馆与公共机构的综合性形成对比，它们往往采用全然不同的方式运营，其中大型的私有基金会担任着越来越重要的角色。

联合网络工作室的本·范·贝克尔和卡罗琳·博斯认为，专业博物馆是未来博物馆的方向："未来属于专业收藏，它们可以为某一领域的深入交流提供条件，从而能比泛泛地收藏更具文化价值。我们希望能创造启发思考的环境，但并不仅仅通过单纯的视觉元素。我们希望能结合空间设计视觉体验来达到强烈的效果，设计注重联系比邻的建筑和外界的环境……博物馆之所以精彩并不仅仅因为他有标志性的外观。"全面地思考当前的情况，最好的博物馆设计理念应该是一种更具有包容性的思想，我们认识到建筑不仅展示"展品"，而且演绎事件或者叙述特定主题的"故事"，博物馆作为线索和引子，引导和启发来访者思考并且进行更深入的探索。

新的信息表明，人们对主题博物馆越来越有兴趣，因为其展示特定的艺术或科学内容，它们的结构与普通的博物馆（如卢浮宫、大英博物馆等）相比在布局上已经有显著的不同。

这些博物馆关注不同的领域，通常使用建筑形式"表达"主题，同时重新发掘文化和基地的特点。设计还可能为了表达一个特定的主题而采用一种有感染力的形式，这时博物馆可以是一片空地或者一片表达感情的场地设计。END

对空间功能在美术馆艺术展示中意义的思考

CONSIDERING THE SPACE'S IMPORTANCE TO ART EXHIBITION

撰文 | 邵珊

中国经济的高速发展和伴随着的文化热，使中国也如同1980年代的日本进入了博物馆、美术馆和各类艺术空间高速扩张的时期。国内外媒体竞相报道，今后10年中国将建约300个新的博物馆，而这只是政府的计划，民间机构建设博物馆的计划还不计算在内，说明基础薄弱的中国博物馆业终于因经济的升温开始受到全社会重视。然而，我们对建设这些新博物馆做好准备了吗？

我们经常会想到的问题是：当代艺术对空间的要求是什么？当代艺术空间的定位是什么？其艺术标准是什么？当代艺术空间的未来向何处去？当代艺术虽说是反映当代文化的发展，反映时代普遍的精神状态。但中国艺术教育的落伍及大众欣赏艺术水准的普遍状态，甚至考虑到相当部分的传统艺术家和理论家都不能很好地理解艺术空间拓展的意义，本文拟通过分析目前中国博物馆业发展中，当代艺术空间的发展历程，以图解答以上的一些问题。

当代艺术空间要生存就要有价值，也就是要给它定位，定位可从艺术和空间两方面着手。而从博物馆发展的历史，可以清晰地感受到博物馆回归社会，介入现实生活的脉络。博物馆不再是高高在上的精英们显示修养和身份的地方，它融入日常生活，变得平易可亲，是大众交换信息和情感、发表意见的平台。

当代艺术与传统艺术的区别除材料、手段、展示方式的不同外，重要的一点是对展示空间的态度以及观众对展览的参观方式的不同。传统艺术重视结果的陈列——它强调作品，作品与观众是有距离的，为了让观众对作品产生敬仰的效果；当代艺术偏重过程的展示——它强调观众，观众和作品的界限模糊，展览空间被当成作品的有机因素加以考虑，观众以参与的方式进入艺术行动中，即观众和空间一起成为作品的一部分。

当代艺术带有一定的实验性，艺术家们以抗拒集体认同与文化归属为己任，这种特性导致他们的作品呈现出来的不再是过去那种装饰式的优雅状态，作品强烈地改变着空间原有的秩序、“粗暴”地扭转观众的传统价值品味，甚至有的展览让作品在拥挤和吵闹中产生对话。例如侯瀚如2003年为威尼斯双年展策划的“紧急地带”，当代与传统间的巨大反差对传统美术馆的改变不仅是观念上的，也是空间和金钱上的。

在国内，大多数设计博物馆的建筑师并不了解博物馆的运作，对博物馆场馆各项功能指标缺乏必要的知识，仅凭修建普通场馆的经验来想像并设计博物馆，以至于博物馆外表看起来宏伟而内部空间功能不合理，例如狭小的卸货周转空间、仓储与展厅间过长的工作通道、挑高不足的展厅、材料昂贵承重有限的地板、不同尺寸的门等等。在设计美术馆时，建筑设计师们并没有料到有朝一日的艺术展览会如同装修般频繁地改变空间，而是以固有的思维模式、贵族情结，把美术馆设计成殿堂，陈列所谓精英的艺术。结果是设计出来的建筑空间适合陈列传统艺术作品，而对当代艺术的展示和呈现的空间需要不是非常适用。当代艺术呈现需要空间改变时，受到相当大的挑战：有来自如空间高度、顶棚与墙面的质材等硬件上的限制，也有来自已沉淀在建筑中如传统雕塑等文化氛围即软件上的束缚，建筑空间往往无法“消化”当代艺术作品。“首届广州三年展”曾出现传统雕塑家对其固定在美术馆的雕塑作品旁放置当代艺术品不满的情况，这属文化软件上的冲突；“第二届广州三年展”把建筑工地的脚手架、模板一股脑搬进广东美术馆时，有观众评论此做法过于矫饰，就是对美术馆建筑与当代艺术间关系的不认可，属建筑硬件上的冲突。

现有的美术馆在做当代艺术展时顾忌太多，反复调整空间再恢复的过程花费巨大，这对本来就紧张的经费开支造成更大负担。这不仅仅是建筑师在设计时缺乏前瞻性的问题，也有使用者使用不当的问题——传统美术馆本来就不是为当代艺术设计的。在美术馆做当代展，特别是在中国，对才享受此空间待遇没多久的传统美术是不公平的，它挤占了本来就不宽松的传统艺术空间。因此，把传统美术馆还给传统艺术，另外开辟适合当代艺术的展示空间是最好的方式。

在国家没有专门资金投放在当代艺术的展示场馆时，在大家普遍认为当代艺术就是实验艺术时，空置的厂房、废弃的仓库就变成抢手的活动与陈列空间。那么，是不是廉价、高大宽敞的空置厂房或废弃仓库、办公楼就适合当代艺术呢？

其实，对任何艺术的运作，理论上的都应经过研究、策划、编辑、推广、展览、典藏和教育等一系列操作，展示只是其中一个环节。空间管理者根据空间的条件和对空间的理解，决定了空间在这一链条上的位置，是偏重实验展览、是偏重展览研究亦或是展览收藏，也就是说，什么样条件的空间做什么样的事。

实验展览、展览研究和展览收藏是3个不同层次的空间定位，都是当代艺术活动需要的。只有空间而无研究的能力，适合为艺术家特别是初出茅庐的当代艺术家当做实验和探索的场所，诸如艺术村、艺术家自己的工作室等一类

1 五角场 800 号（摄影：胡文杰）
2 案艺术实验室建筑改造（资料提供：多相设计）

的机构或空间。艺术家在经验和经济条件相对欠缺时，其作品的表达和用材质量往往不甚理想，空间为其提供了“发表”并且是“允许犯错误” 的实验场所。这有点近似传统的“文化宫”，有自娱自乐的成分，是门槛较低的文化活动场所。在这里，具备基本的、简单的场地和照明设备即可，同时也不用太计较作品的未来，有活动的粗略记载更好。

当条件允许，艺术空间不仅有能力较系统展示且能开始对展览或艺术家进行研究时，表明其已经具有一定的艺术倾向。那些经过第一轮筛选崭露头角的艺术家与作品透过这一层艺术交流平台进一步扩大社会影响。空间虽然仍是艺术家“可以犯错误”的地方但空间自己犯错误的几率在降低——因为作品有可能被其他艺术机构或收藏家收藏，所以空间的面积、温度、湿度等方面的要求相对就高一些，硬件设备及布展技术会讲究些。大部分画廊（即使它有收藏，但它收藏的最终目标是待价而沽）以及 798 和莫干山等部分空间就是这一中间层次的机构。

终于浮出众生的艺术家，是各艺术机构竟相争取的热门人物，自然有经费实现艺术计划。他们的创作在艺术上的成就和在商业上的价值，使其作品从产生的那一刻起即带上浓重的保护和收藏意识，因此作品往往要求和被要求在具有国际展览标准的场地展示。排除高标准的艺术大卖场，拥有恒温恒湿大面积展厅的机构大都具备自己独立策划、研究和收藏能力，他们的展览策划倾向性强，研究成果水平较深，展示效果较理想，收藏质量较高，其中的佼佼者甚至树立了行业标高，其展览、研究和收藏成为其他收藏家或机构的行动指南。此类机构特别是大机构在众目睽睽之下，各项工作小心谨慎，生怕犯错误，在建立崇高形象的同时，也存在逐渐失去活力和张力、沦为新一代“传统美术馆”的危机，当代美术馆等就属于这类高端空间范畴。

传统艺术品在展览时就是“完整”的，而当代艺术品则往往需要展览现场的观众来参与完成，当若干年后被收藏的当代艺术品特别是装置被重新展示出来时，由于抽离了当年的历史氛围和人文背景，如果再加上材料的不可修复如塑料制品等，作品往往会显得缺乏生气、内容干涩，变得很“不完整”，观众对这样作品的理解往往是歧义的。这种感觉在我布置和观看当代艺术回顾展时非常强烈——作品又回到尊贵的位置，过去能摸的不能摸、过去能碰的不能碰，观众象审视古董（甚至没有古董的可视性强）一样参观展览，当代艺术家们极力否定的“失去活力的空间”轮到自己享用。因此，当代艺术的展览对展示空间的要求不是低了，而是更高了，艺术机构不得不花更大的力气，用更好的场地如恒温恒湿的空间，用更多的手段如录像等去保护和记录当代艺术品的“新鲜度”。

如果不加思考地参与“闲置空间再利用”潮流创办艺术空间，表面上看似乎很时髦，但在实际操作时却不得不面对诸如房屋漏雨等问题，用来对付旧房子的精力和金钱会挤占空间宝贵的工作时间和有限的经费。所以，把空间划分层次、在条件匹配的空间做展览就显得十分重要。如果高层次艺术空间去做低层次空间的活动，如大美术馆举办“青年大展”等活动，既活跃了空间又能为机构挑选培养年轻一辈艺术家。实力雄厚的艺术大机构主动出击的行为，对推动当代艺术良性发展有积极意义。反过来，用低层次空间条件去办高层次空间的活动，例如在温湿度很大的场地举办价值超百万的油画作品就值得考究了。END

Bloch Building

Museum Entrance

艺术水晶：纳尔逊-阿特金斯艺术博物馆

THE ADDITION AND RENOVATION OF THE NELSON ATKINS MUSEUM OF ART KANSAS CITY, MO, USA 1999-2007

撰　　文｜朱旻麒
摄　　影｜Andy Ryan、SHA
资料提供｜斯蒂文·霍尔事务所

项目名称｜纳尔逊－阿特金斯艺术博物馆扩建工程
业　　主｜Nelson Atkins Museum of Art
面　　积｜新建部分 165000 平方呎（约 150000m²）
改建部分 234000 平方呎（约 210000m²）
设　　计｜斯蒂文·霍尔
造　　价｜20000 万美元

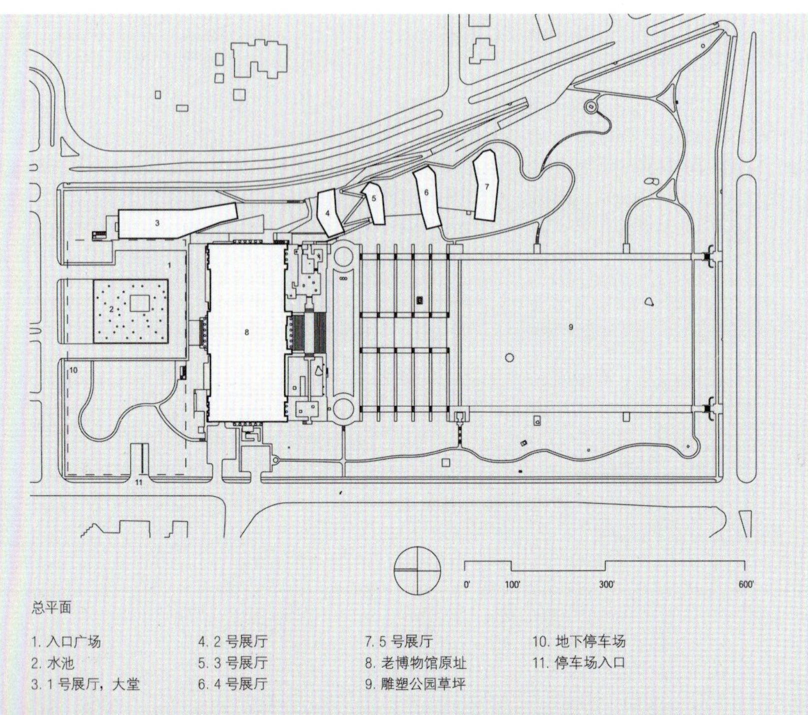

总平面

1. 入口广场
2. 水池
3. 1 号展厅，大堂
4. 2 号展厅
5. 3 号展厅
6. 4 号展厅
7. 5 号展厅
8. 老博物馆原址
9. 雕塑公园草坪
10. 地下停车场
11. 停车场入口

作为一位纯粹的现代主义建筑师，斯蒂文·霍尔的作品似乎从来就是功能与形式的理性表现。然而，在看似严谨的结构背后，却蕴含了他对于空间的巧妙处理以及对于建筑本质的哲学思考。纳尔逊－阿特金斯艺术博物馆就是他最近完成的新作，这个扩建项目同样秉承了他一贯的建筑主张。

从他刚接手这个项目之初，便力图通过艺术博物馆这个主题为参观者营造出一种体验，一种对于空间与时间的情感体验。于是，在充满人文主义色彩理想的指导下，斯蒂文·霍尔在艺术馆雕塑公园的位置新建了一组名为 Bloch 的房子，这组由 5 个大小不一的半透明玻璃展厅组成的建筑群毗邻大学校园东侧。从远处看，5 个通体透明的发光盒子彼此串联在一起，成为周遭绿树成荫的景观中一道独特且醒目的视觉标志。通过光线的漫射与反射，半透明的展示厅在夜间更像是一座座巨大的水晶体，星星点点照亮了整个雕塑公园。而联系这些展厅的蜿蜒道路在微弱的灯光下显得忽隐忽现，俨然成为一条曲径通幽的美丽景观带。在白天，阳光通过特殊的立面材质漫射进展厅室内，形成了相对柔和、安静的室内空间，这对于一个陈列艺术品的展厅来说尤为重要。由此，斯蒂文对于整个博物馆园区的扩建将建筑、景观、艺术三者完美地结合在了一起。这种三位一体式的创新结合方式也使得艺术与建筑之间形成了一种动态、且相互支持的紧密关系。

其实，在斯蒂文的许多作品中，我们都可以发现他对于建筑中那些被他称之为“难以捉摸的本质”的努力探索，也许，在他看来，建筑与艺术本来就应该是紧密联系而不可轻易分割的。

作为扩建项目，怎样处理新建筑与原始建筑之间的关系当然是斯蒂文·霍尔设计之初所遇到的棘手问题之一。原始建筑建造于1933年，是一座相当典型的古典主义寺庙建筑。

巨大的体量在灰黄色的大理石与古典的陶立克柱式下愈发显得凝重肃穆。虽然，周围的环境固然是新建建筑的重要参考，但是，很显然的是，斯蒂文选择了一种极端对比的方式来处理这种新旧矛盾。原始建筑封闭、内向、有明显的边界，而新建的部分则完全向周围景观开敞。在功能设计方面，5 座建筑分别承担了各自不同的使用功能。除了展览艺术家的作品之外，咖啡馆、图书馆、书店等等配套设施一应俱全。这些齐备的公共功能在一定程度上使博物馆相比之前更为公众化，人们步行至此，由宽大的坡道进入美术馆。斯蒂文着意营造一种更加现代、自由且轻盈的空间形式，并希望改变传统艺术馆相对封闭的空间模式，进而转变人们对于艺术馆的习惯性理解。

斯蒂文·霍尔的建筑—景观观念不仅使他的作品体现出对所存在的环境的尊重，更重要的是，其生态环保的理念以及他对于光线的控制与塑造能力，也是他之所以被建筑界誉为新现代主义大师的原因之一。

Bloch 依雕塑公园的地势而建，每个玻璃盒子之间都分别有各自的庭院。这些庭院的标高由低向高逐渐高于原始建筑的屋顶，而有些则成为了屋顶庭院，以实现建筑的隔热和控制当地丰足的雨水。而用于建筑立面的双层玻璃结构在冬季能吸收太阳的温度并保持室温的稳定，在夏季则利于排出室内的潮气与闷热。同时，这种镶嵌半透明绝缘材料的表皮材料由计算机精确控制，能根据不同展览、不同使用功能的需要而改变入射光线量的大小与角度，斯蒂文将这种人性化的设计作为可持续建筑的标准，以满足展馆灵活性的需求。

1-2 Bloch 外立面
3 总平面
4-5 鸟瞰图
6 功能分布示意图
7-8 Bloch 外立面

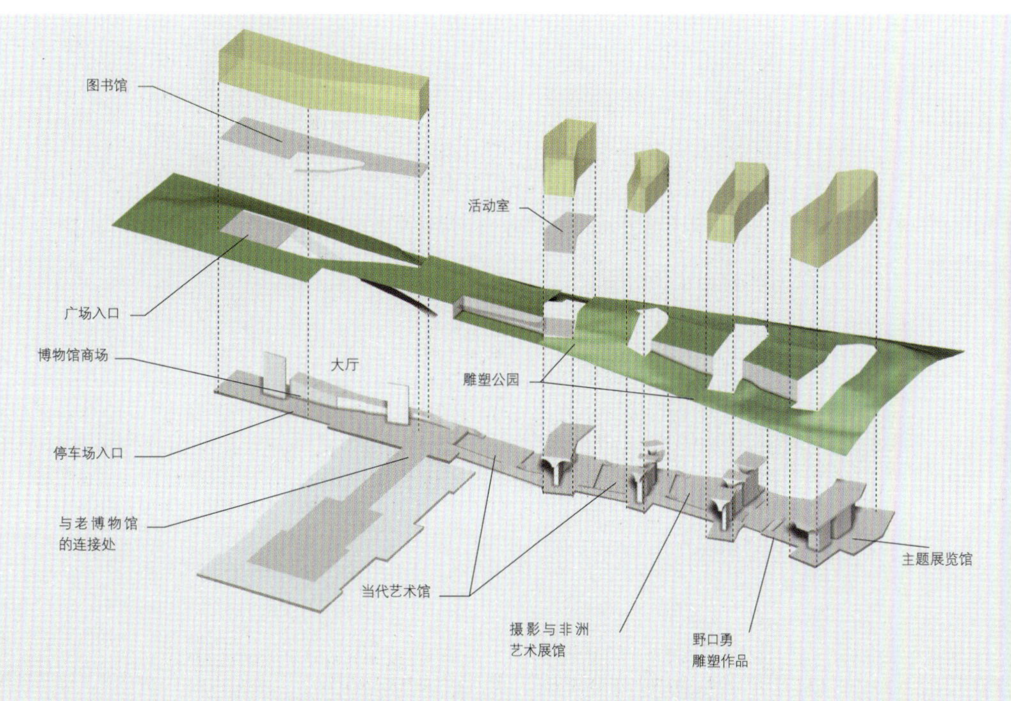

其实，每座展馆都属于半地下建筑，一条贯长的地下通道将每座单体联系在一起，宽敞的室内空间一方面满足了展览的需要，另一方面也方便展览货物的运送与临时摆放。从外部看，建筑本身形式朴素、低调，然而建筑内部空间却相对复杂许多。这种复杂并不意味着有多么华丽美妙的装饰，斯蒂文用他个人非常推崇的混凝土和白色水泥完成了室内空间的塑造。

室内共有3层，从一侧悬挑出来，平面上的相互交错使得中庭的立面看起来变化多端。

为了保证展览物品不受直射光线的影响，斯蒂文在顶部都做了相应的的结构处理。楼板的悬挑能够遮挡一部分光线，墙面与顶棚的转折式样同样也是为了塑造光线而特别设计。在部分区域，墙面与顶面圆弧相接，相隔一段距离彼此交错，这样的结构使得光影真正成为了这个通体白色的空间的唯一装饰。此外，喇叭形的柱式虽算不上多么新奇，但这斯蒂文个人原创的结构形式着实更加丰富了顶部的视觉效果。如果说，现代主义建筑的显著特征就是直线与几何形的运用的话，那么，斯蒂文在他的作品里让我们看到了更多的曲线和弧面。在他的理解中，空间的形式感才称得上是现代主义的本质所在。于是，多样的结构处理和丰富的光影组织是斯蒂文·霍尔带给我们的惊喜。同时，他对于现代主义建筑的发扬与继承也成就了这所美术馆动人的室内空间。

按斯蒂文自己的说法，他的部分设计概念来自于东方，美术馆馆藏的部分东方艺术家的作品也给予了他很多设计灵感。尤其是野口勇（Isamu Noguchi）的雕塑作品，使他更坚定了将建筑与景观、空间与环境紧密联系，创造出一种包括地点因素、个人经验因素、建筑本身存在因素在内的，感情和物质因素的结合的建筑。END

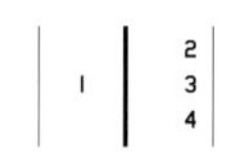

1 Bloch 外立面
2 底层平面
3 东立面
4 西立面

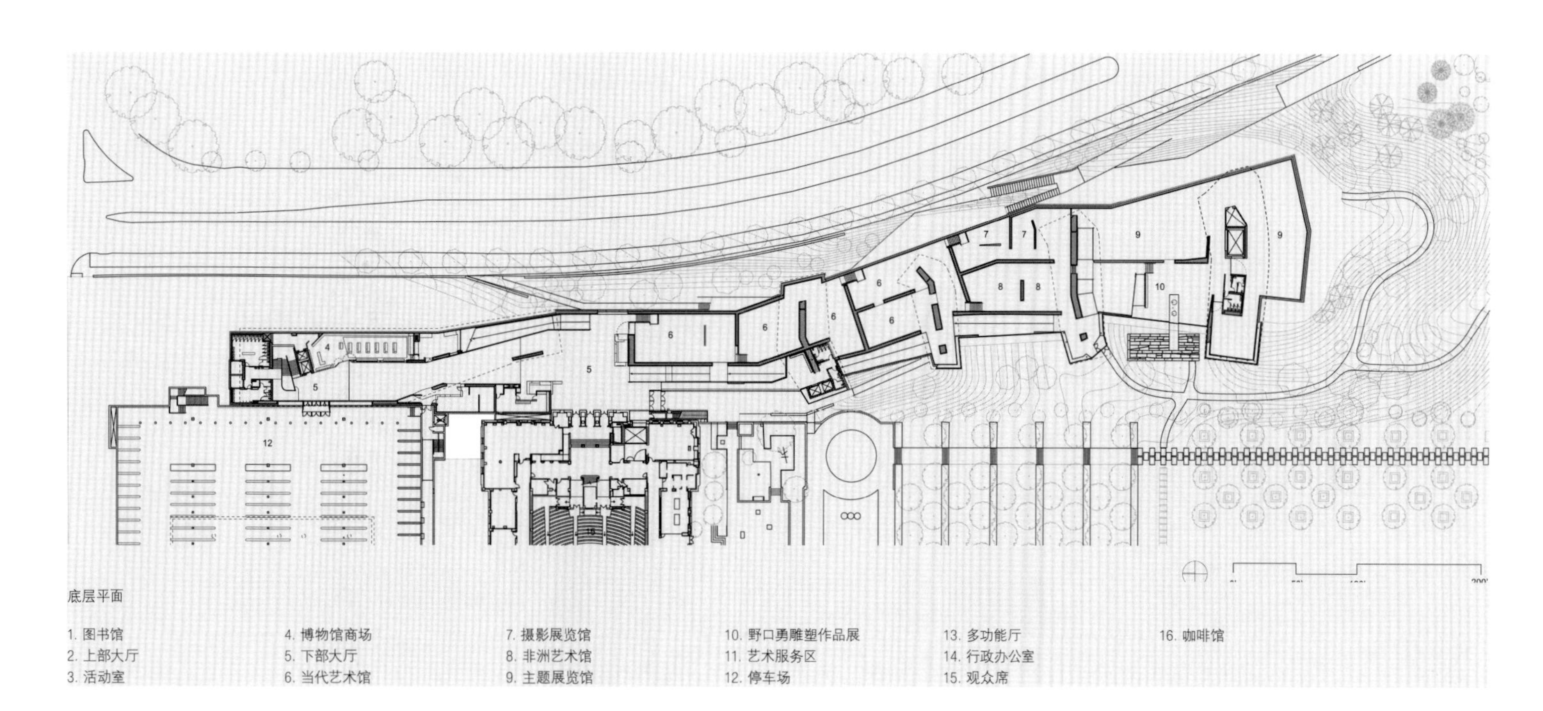

底层平面

1. 图书馆
2. 上部大厅
3. 活动室
4. 博物馆商场
5. 下部大厅
6. 当代艺术馆
7. 摄影展览馆
8. 非洲艺术馆
9. 主题展览馆
10. 野口勇雕塑作品展
11. 艺术服务区
12. 停车场
13. 多功能厅
14. 行政办公室
15. 观众席
16. 咖啡馆

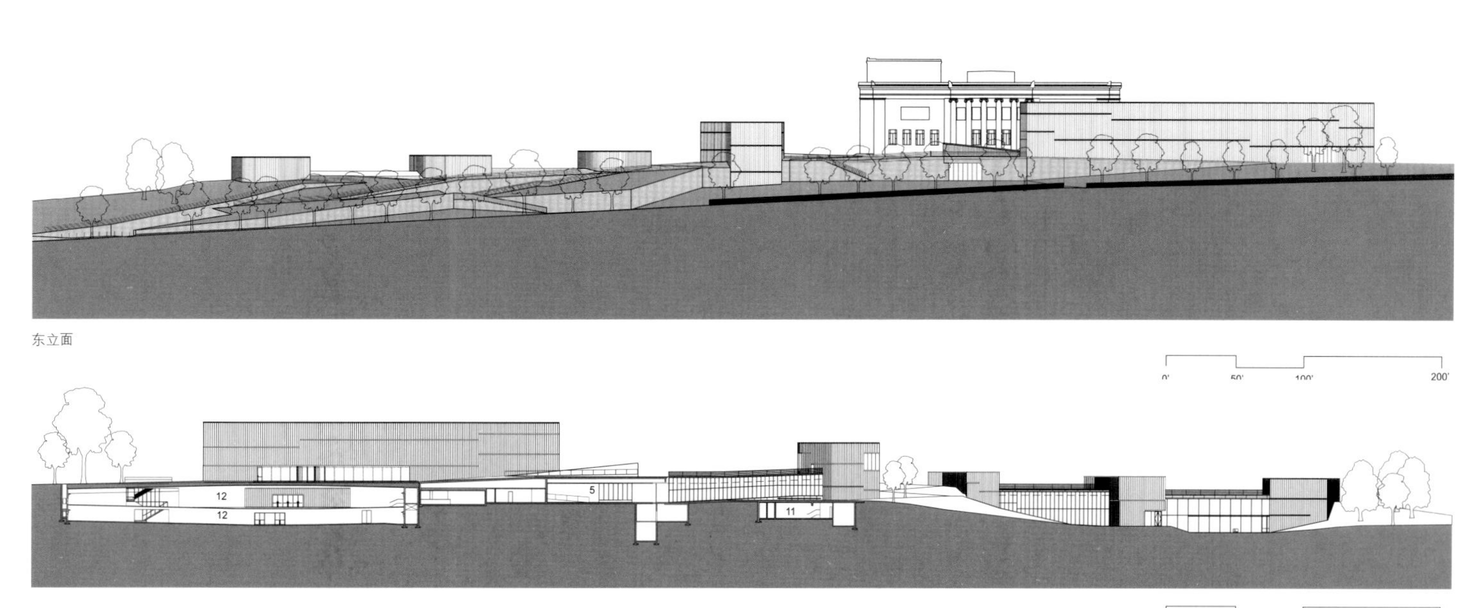

东立面

西立面

1 老博物馆外立面
2-3 草图
4-9 剖面图

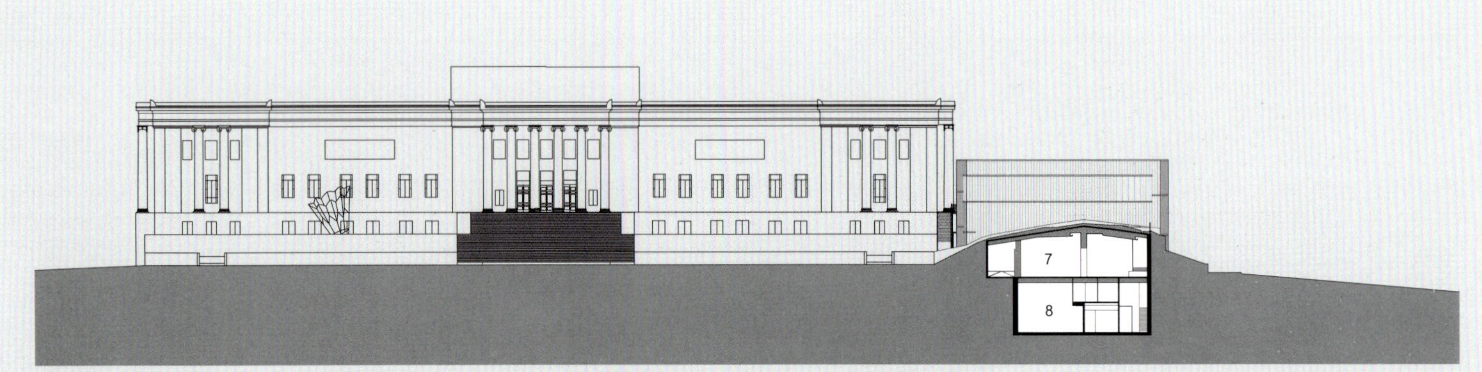

横剖面：2 号展厅 —3 号展厅

横剖面：3 号展厅 —4 号展厅

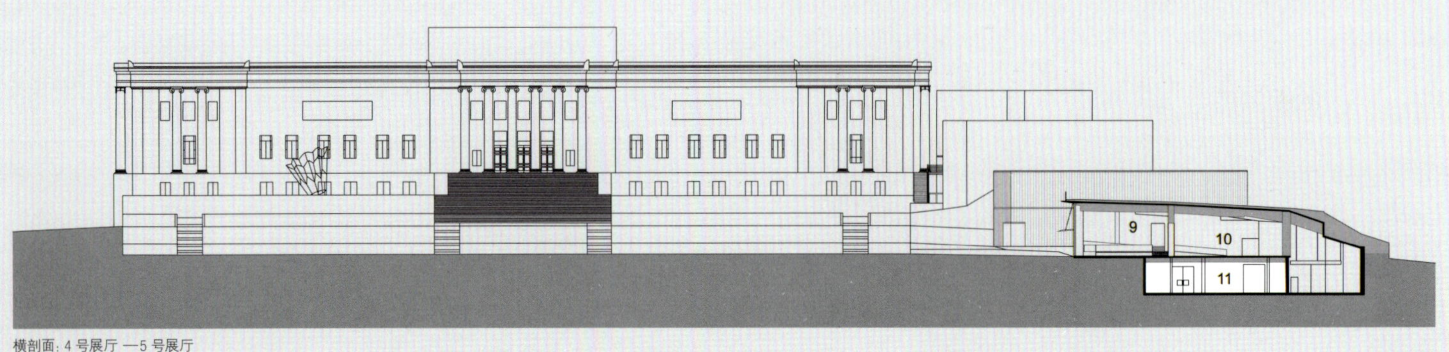

横剖面：4 号展厅 —5 号展厅

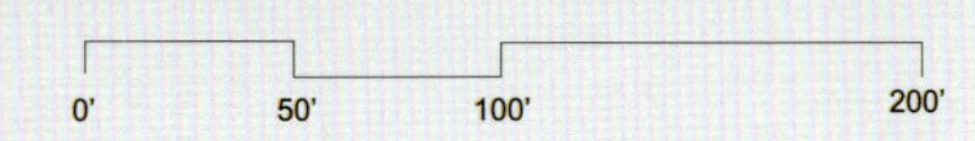

1. 停车场
2. 大厅
3. 博物馆商场
4. 图书馆
5. 仓库
6. 机控室
7. 当代艺术馆
8. 储藏室
9. 野口勇雕塑作品庭院
10. 主题展览
11. 艺术品接受区
12. 老的博物馆
13. 新建的入口与楼梯
14. 欧洲艺术馆
15. 亚洲艺术馆
16. 美洲艺术馆
17. 观众席
18. 非洲艺术馆
19. 摄影展

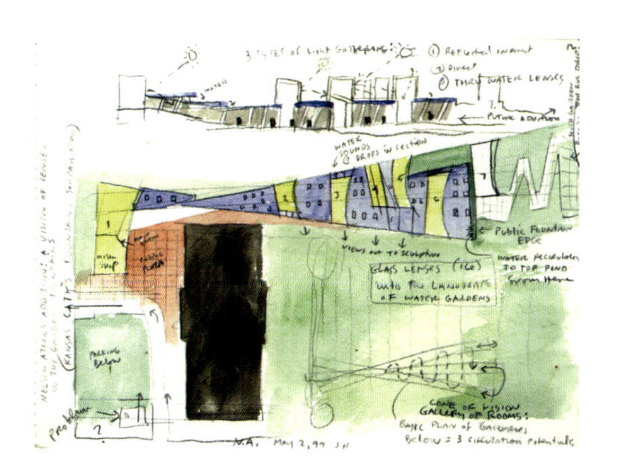

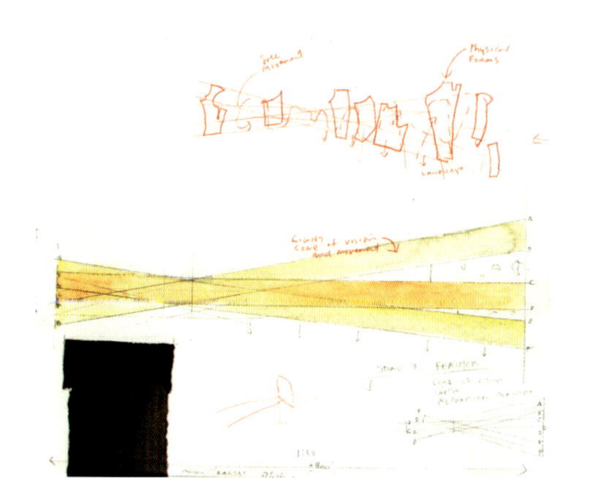

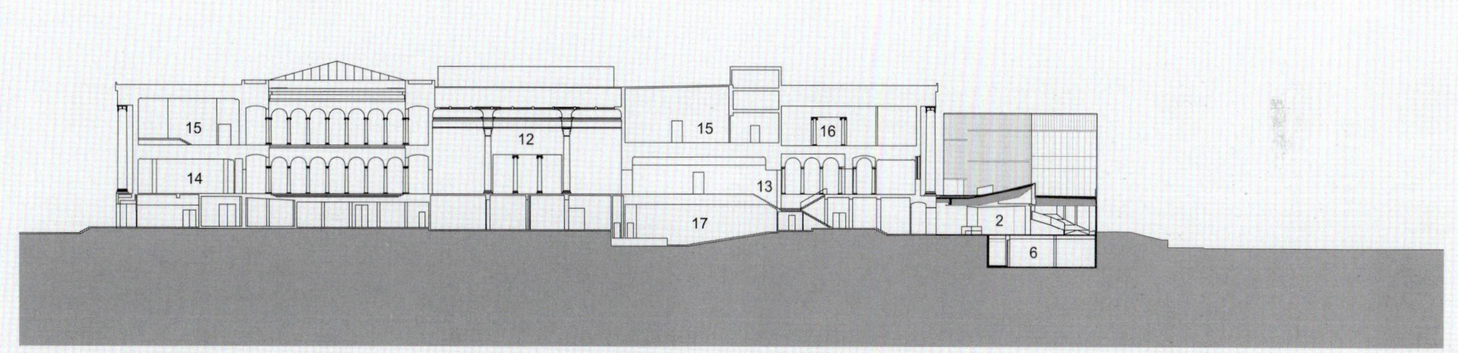

横剖面：老博物馆和新博物馆连接处

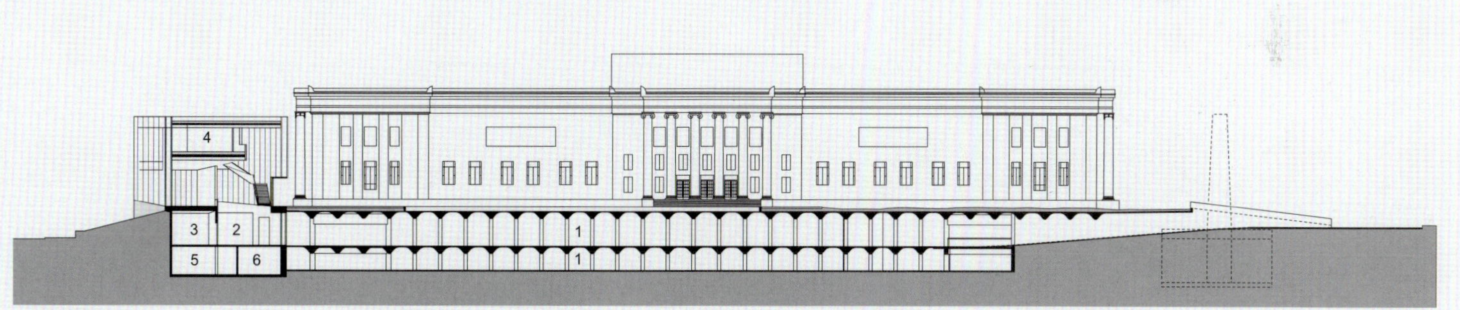

横剖面：车库

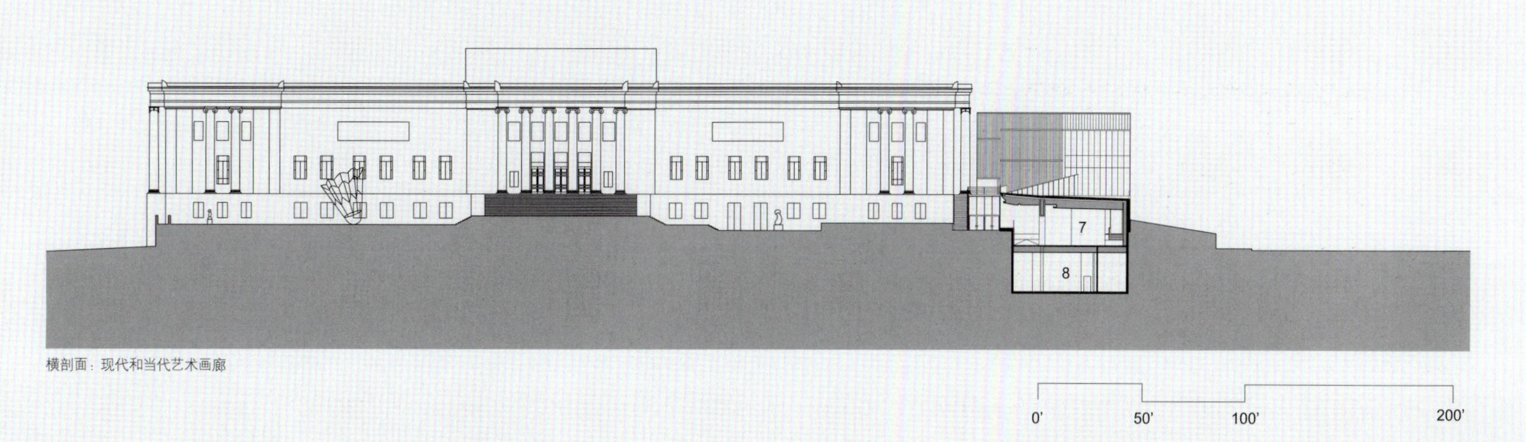

横剖面：现代和当代艺术画廊

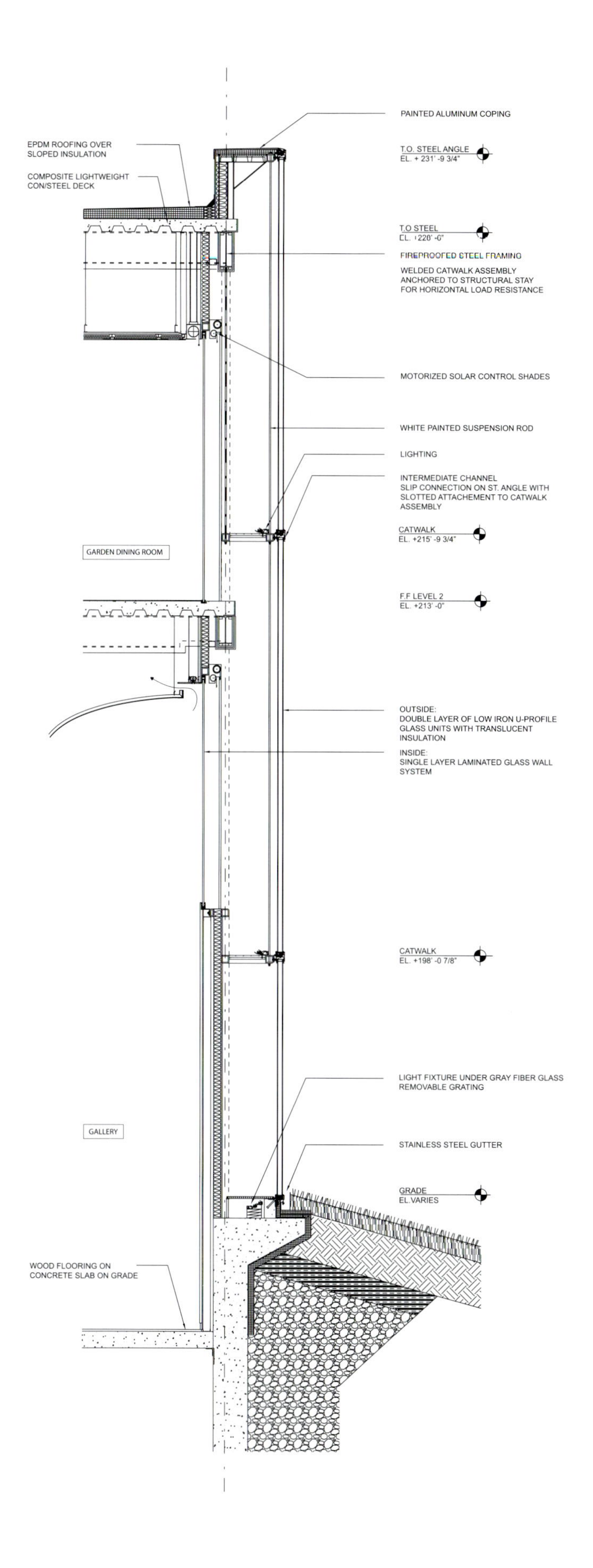

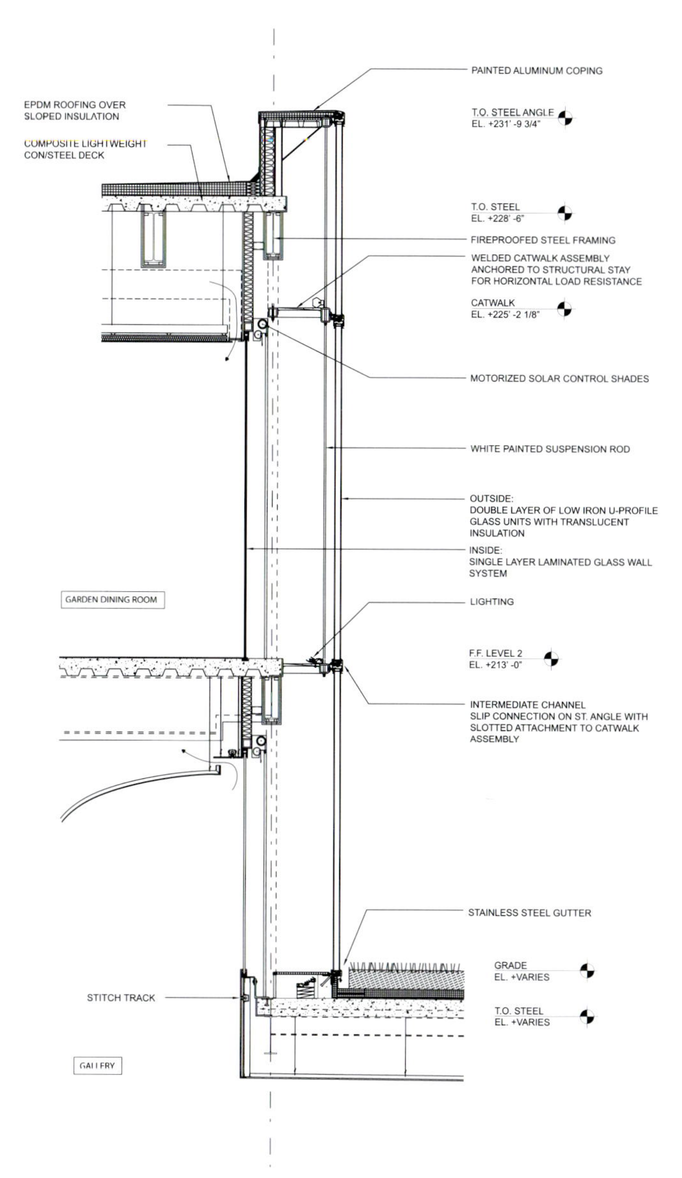

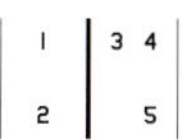

1 Bloch 外立面
2 Bloch 室内
3-4 构造详图
5 Bloch 外立面

1 Bloch 室内
2 Bloch 停车库
3 Bloch 展厅
4 Bloch 室内

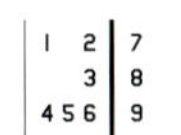

1-6 Bloch 室内局部

7 草图

8-9 "T" 型墙示意图

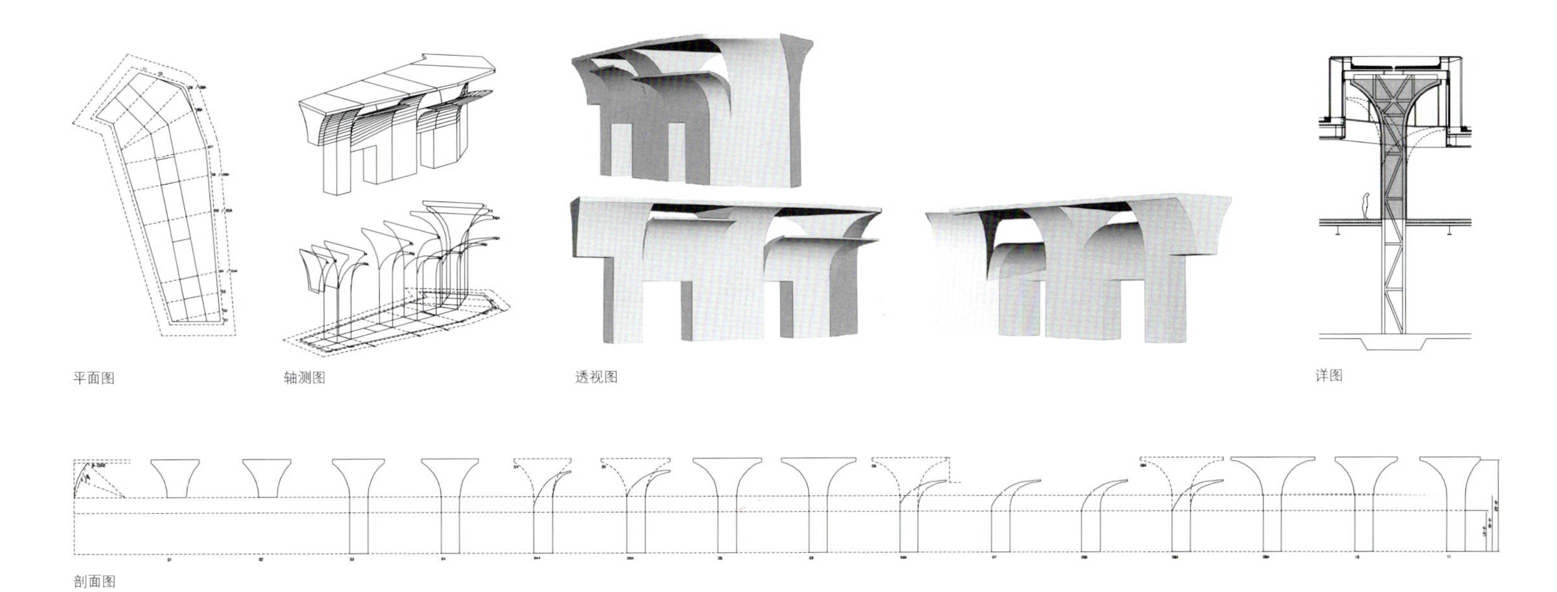

平面图 轴测图 透视图 详图

剖面图

3 号展厅"T"型墙

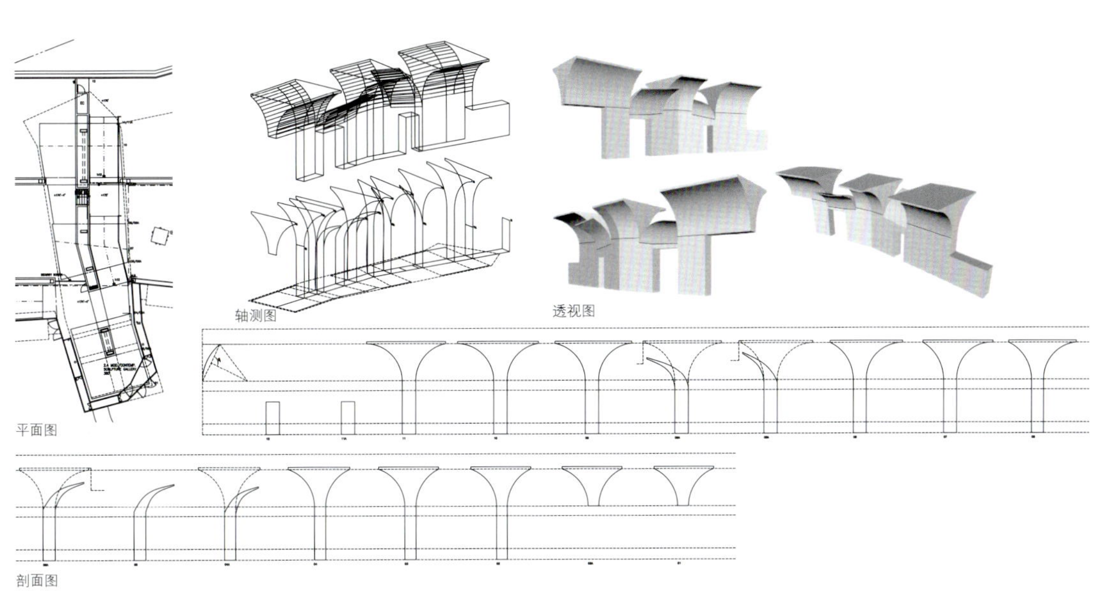

轴测图 透视图

平面图

剖面图

4 号展厅"T"型墙

格拉兹艺术之家
KUNSTHAUS GRAZ

撰　文 海军
摄　影 Eduardo Martinez、Nicolas Lackner Georg Wallner、Zepp-Cam
资料提供 Kunsthaus Graz

项目名称 格拉兹艺术之家（Kunsthaus Graz）
地　点 Landesmuseum Joanneum, Lendkai 1,A-8020, Graz
设　计 Peter Cook & Colin Fournie

一座犹如大胃袋的椭圆形发光体竟然矗立在与红顶尖塔的古堡、钟楼所形成的强烈反差的奥地利格拉茨老城里，仿佛是来自外层空间造访者的一个玩笑。它究竟有多“古怪”呢？

这座充满现代感的建筑，以塑料玻璃拼贴而成，水蓝色的外立面基调，对比老城的红色砖瓦；自由不受拘束的线条造型，挑战了古老又具有悠久历史的城镇给人的保守印象；充满未来感的设计，让格拉兹走出传统的历史框架，迎向十足具有现代风味的气氛。

格拉兹于1999年被联合国教科文组织指定为世界文化遗产，是奥地利仅次于维也纳的第二大城，更是欧洲文化之都。古时的格拉兹正居于东欧及巴尔干半岛的交界处，一直是奥匈帝国的东南要塞，自1379年，执政的哈布斯王朝将之钦定为首府，繁荣富庶的情况达到鼎盛。由于中世纪时期受到文艺复兴思想冲击，整座城镇的建筑风格无不流露出强烈的特殊色彩，艺术人文气息之浓郁，更是中欧古迹保存最完善的古城之一。可想而知，在此建筑建造之初，反对声浪理所应当的不会小，然而现在却成为了格拉兹人的骄傲。艺术之家犹如当初的巴黎蓬皮杜中心，在当代美术馆建筑史里又制造了一个古怪风格的奇迹。

“古怪建筑”总投资约2300万英镑，由来自英国的建筑师彼得·库克与柯林·傅尼所组成的团队完成。两位建筑师其实来自英国六人建筑团队ARCHIGRAM（建筑电讯），这个团队曾赢得英国建筑皇家学院RIBA的皇家金奖。这个1960年代即组成的实验性团体摈弃了严肃而过度重视美学的沉闷样式，犹如漫画中的英雄人物对抗主流文化的表里不一，因此还被戏称是建筑界的“披头六”。对照他们的发迹过程，便不难理解库克与傅尼为格拉兹艺术之家所设计的外层空间造型建筑。此建筑于之后一年正式开工，两年后便正式开幕，速度之快也令人感到惊奇。

艺术之家占地超过10000m^2，位于慕尔河旁，有着不同于一般美术馆的功能与特性，符合当代艺术展览的种种展示需要。宽敞的大厅提供绝佳的空间，美术馆也不具备典藏任何艺术品的功能。这也是一开始就确立的目标：即提供当代艺术多功能的展示场所但不收藏艺术作品。这样的决定给了美术馆更大的弹性空间运用建筑设计，同时减少了典藏作品的后续问题，让展厅的功能全部发挥。整个楼层有4个展览空间，跃层的运用让空间显得宽敞，走在美术馆里就如同在一座未来船舱中。

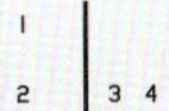

1 格拉兹艺术之家自由不受拘束的线条造型挑战了古老又具有历史的城镇给人的保守印象
2 这座充满现代感的建筑与老城形成鲜明反差
3 建筑外立面以塑料玻璃拼贴而成
4 格拉兹艺术之家的外表有许多凸起的柱状物

整个艺术之家共分 5 部分：中间凸起的部分称为“胃”；屋顶貌似心脏血管的称为“管口”；屋顶的柱状物是可以眺望全城的休闲吧名为 Sushi-Bar，即“针管”；地面支撑部分称为“栓脚”；最后则是入口、售票处，只有这一部分是在 1842 年的老建筑基础上修整而来的，现在仍可看到当时精美的铸钢雕花，这里还有书店和礼品贩卖部等。

地面展览厅共 3 层，主要展览空间在屋顶层，整个大厅为无柱型设计；大厅需要的自然光由屋顶探出的 15 根“管口”提供。大厅中有一个移动式斜坡道，参观者可以缓缓地被吸到“胃”部分的展厅。它意在营造一种被艺术吞没的剧院效果，十分新颖独特。

在最初几年之中，艺术之家在空间设计以及作品选取方面一直贯穿着“感悟”、“动感”、“结构”和“知识”这 4 大主题。在 2007 年，则迎来了“乌托邦”主题年。这是一个非常合适的主题，与该建筑的奇特外型非常吻合，而这种建筑外型恰恰符合 20 世纪 60 年代乌托邦建筑艺术派的创作理念。如今，这种乌托邦建筑艺术派的创作理念已经变为了现实。

这位“友善的外星人”建筑的室内面貌特征以及它所表现出来的功能正日趋明朗化，这是起初未曾预料到的。众所周知，奥地利艺术之家从城镇中划出了一个特区归到新城市建设的版图中，但却未能充分地运用到文化领域上。因此宇宙空间实验室的建筑师彼得·库克和柯林·傅尼成功地找到了解决方案，那就是积极地渗透到城市的日常生活中。

艺术之家的 BIX 信息交流界面实现了建筑与媒体技术的完美结合，此方案是在柏林建筑师们提出的媒体立面工作室概念基础上产生的。在市中心穆尔河畔矗立着的这座建筑物，其东面墙壁富含丙烯酸。因而常被用于艺术作品展出的 BIX 信息交流界面便被安装于此。该 BIX 信息交流界面是一个巨大的城市银幕。BIX 信息交流界面也是一种特殊的交流平台，它不只是为艺术之家的美学方案而生，它同样可为其他各种展览服务，它也不仅仅只是把展览带出封闭的环境、引入众人的视野中，它更能够迅速地把展出融入到被定义的新环境中。除此之外，这个被用来交流的外部表面还能为艺术展出品提供媒体与公众对话交流的平台。共计 930 个环型规格的 40W 的荧光棒被镶入 900m^2 的外部表面中，每个荧光棒都有 0%~100% 的强连续变量。每个光环都作为一个像素统一由一个中央电脑控制。这就使得低价的标记、文本和影片能渗透到室内空间，让原本只是幻想的奥地利艺术之家变成低成本并合乎城市规格的现实银幕。

同时，它作为“开放的界面”，不仅反映了美学方案而且还彰显了建筑学的特征。从对于 BIX 信息交流界面以及声响设备的安装之中便可略有所知。这两种技术的运用不仅已经超越了建筑学范畴，而且还完善了这个建筑的显著地位，迅速地融入到了新环境中。因此，可以说艺术之家是室内空间与建筑物以新的方式相互结合的代表之作。END

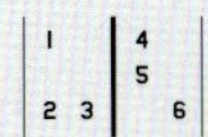

1 它的外形犹如一个大胃袋
2 整个艺术之家分为 5 部分，只有入口和售票处是在老建筑基础上改建而来
3 艺术之家的室内空间非常开阔
4-5 模型
6 艺术之家的大厅中有一个移动式的斜坡道

1	3 4
2	5 6

1 整个大厅为无柱型设计，主要展览空间在屋顶层
2 参观者可缓缓地由斜坡道被吸进“胃”部分的展厅
3-4 艺术之家的 BIX 信息交流界面，实现了建筑与媒体技术的完美结合
5 艺术之家还提供了交流空间
6 展厅入口营造了一种被艺术吞没的剧院效果

梅赛德斯-奔驰汽车博物馆
MERCEDES-BENZ MUSEUM GMBH

撰　　文	海军
摄　　影	Brigida Gonzalez,Christian Richaters
资料提供	UN Studio、德国斯图加特旅游局

项目名称	梅赛德斯－奔驰汽车博物馆（Mercedes-Benz Museum GmbH）
地　　点	德国斯图加特 Mercedesstrasse 100 70372
建筑设计	UN Studio van Berkel & Bos, Amsterdam
博物馆设计	Prof. H.G. Merz, Stuttgart
业　　主	DaimlerChrysler Immobilien (DCI) GmbH
建筑高度	47.5m
总 面 积	约 53000m^2
竣工时间	2006 年

这是一所经典的博物馆
这是一座奇妙的建筑物
这是每一位汽车爱好者的圣殿
这是每一位设计师一生必去的地方……
奔驰在诞生 120 年后
重新建造了它的汽车博物馆
用以承载这段历史以及未来……

最新的博物馆坐落于德国斯图加特的郊区，于2006 年 5 月开放，它记录了世界上最古老的汽车公司——梅赛德斯－奔驰不灭的光荣与梦想。从第一辆奔驰车到传奇的银箭赛车，在这座具有独特风格的建筑里，这是一次难忘的穿越时空之旅。

奔驰旧博物馆历史悠久。最初创建于 1936 年。1961 年，奔驰公司建造了一个更大的博物馆并于 1985 年翻修后重新开放。其中一个重要特色就是无线传输系统的应用。参观者无论采取什么路线，红外传输系统都会提供观者注视车辆的介绍。博物馆开放式的设计风格使得观者可以自由移动、驻足和思考。无论你站在博物馆的哪一点上，都会发现收藏汽车的全新视角。

全新的奔驰博物馆以它特有的方式更加亲近和体贴着参观者，不再像从前那样将博物馆坐落在位于奔驰总部那些复杂的建筑群之中，而是将其树立在一目了然的厂区门口位置。如此的选址使得它更加明显、真切，也更便于游客的参观和游览。博物馆与梅赛德斯－奔驰斯图加特厂区比邻而居，代表了过去与现在之间息息相关的紧密联结。与众不同的现代设计充满了十足的现代感和时尚艺术气息。新的博物馆为不规则的三棱圆柱形，共分 9 层，建筑体长 74m、宽 102m、高 27m，完工后面积达 $34000m^2$，整个建筑重达 11 万吨，如此庞大。然而外墙采用了铝和玻璃结构，再加上 1800 块全景玻璃窗，使建筑本身显得通透和轻盈。

新馆是一幢很有气派的建筑，它可能还是世界上接待游客最多的公司博物馆之一。这幢由两位著名荷兰建筑师 Ben van Berkel 以及 Caroline Bos 合力完成的建筑物，充满了十足的现代感和艺术气息，诠释了梅赛德斯－奔驰品牌诉求的精神。承先启后的概念也展现在前卫的建筑风格上。建筑物的内部设计灵感源自人类 DNA 双螺旋结构，代表了品牌一贯的经营哲学：以不断的创新发明满足人类追求自由行动的梦想，而设计师号称整幢建筑的设计基本上是以 3 个互相环绕的圆圈不停旋转为主线而完成的。

在入口大厅，来宾可以了解到展览区域的组织方式，以及在平面“三片叶子”上两种展览的布展位置。而“三片叶子”的展览空间与中间“叶根”（以中庭的形式）相接。入口大厅除了使用功能外，还容纳了通往首层的自动扶梯和三部载客上顶部的电梯。为了实现复杂的博物馆几何结构，从草案初稿到完工，建筑设计图都是基于三维数据模型。这个三维数据模型在施工阶段更新了 50 多次，总共制作了 35000 张施工图。建筑特色包括能够承载 10 辆载重车的 33m 宽的无柱空间以及所谓的“螺旋结构”，第一次采用这种尺寸和形状的“螺旋结构”令人联想起特大型飞机螺旋桨的内弯结构件。无论是外幕墙和外窗的铝板，还是坡道的深色拼花地板，所有材料都融合了极高的品质。该建筑也反映了我们这个时代最好的品质——高质量的材料、耐久性，特性和整洁性。梅赛德斯－奔驰汽车博物馆再次表现出奔驰公司的综合价值：技术先进、智能化、时尚化。观众一旦进到室内，立刻会感受到一种既兴奋又舒适的感觉。

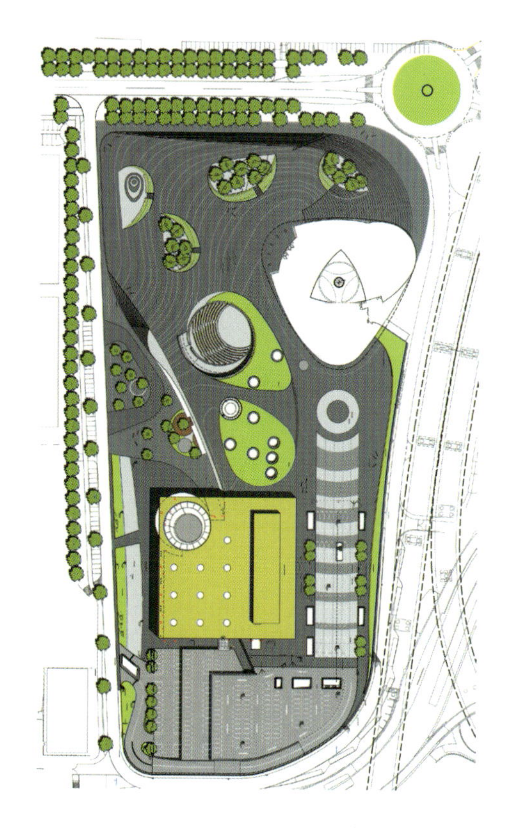

1　奔驰新博物馆的所有材料都融合了极高的品质，表现出了奔驰公司的综合价值
2　新馆选址更加明显、真切，也更便于游客参观和游览
3　总平面图，新、旧博物馆之间关系融洽，互相映衬

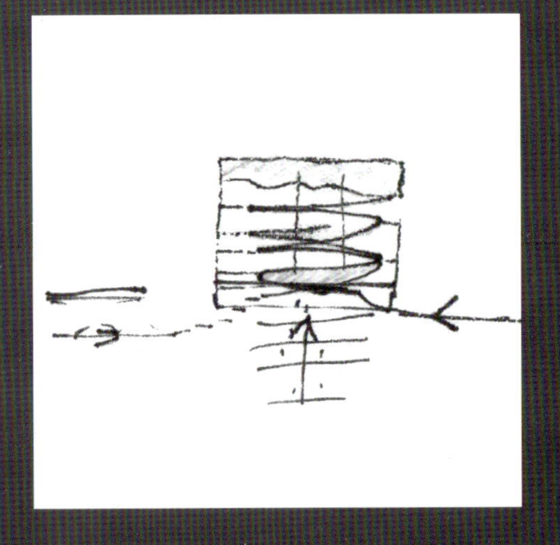

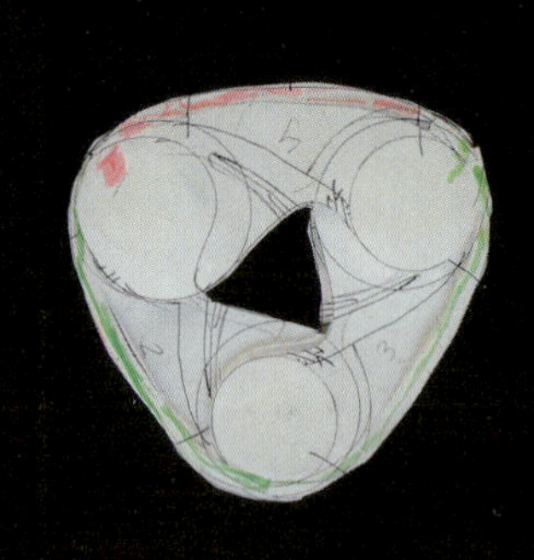

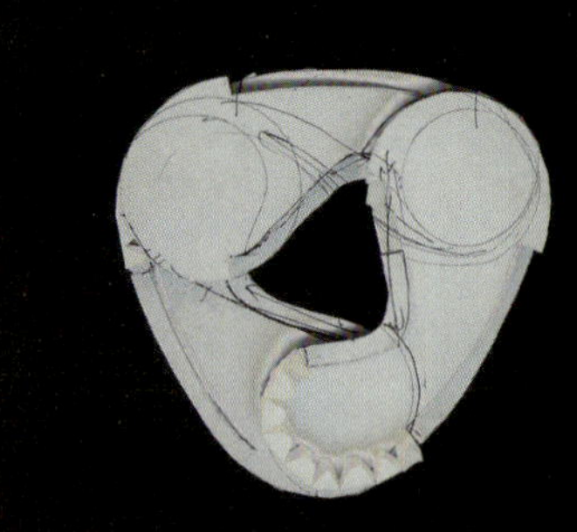

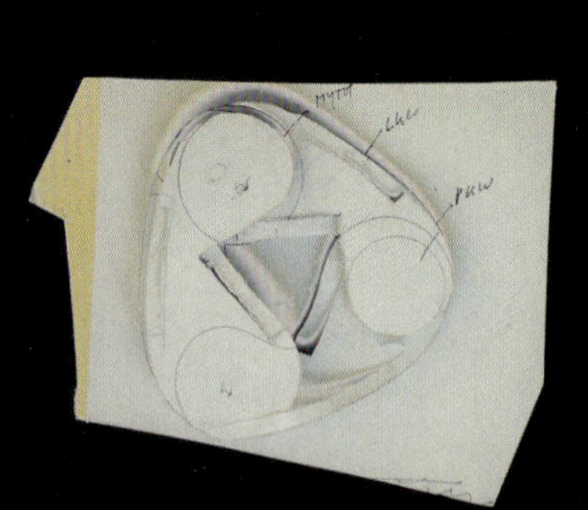

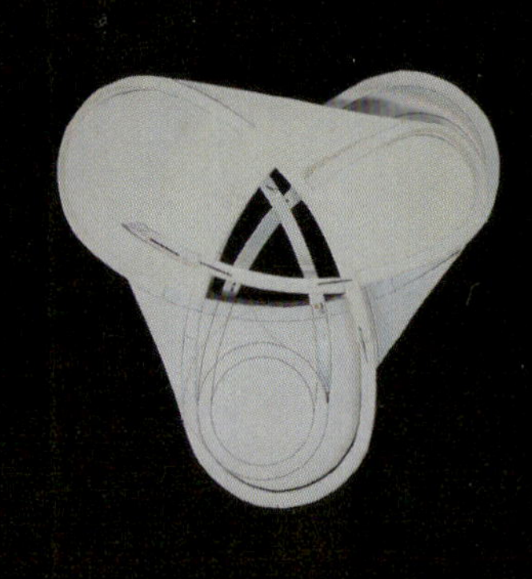

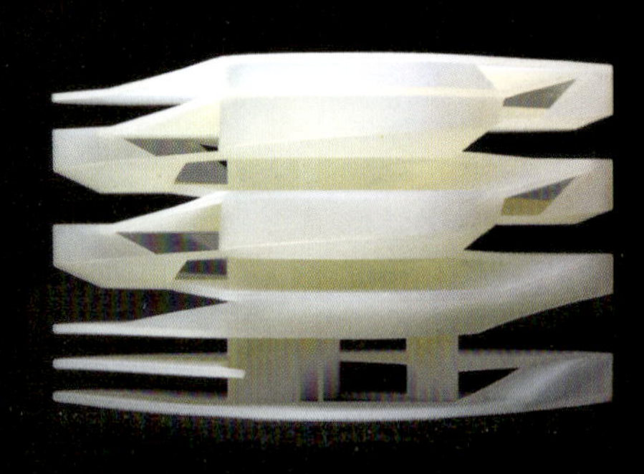

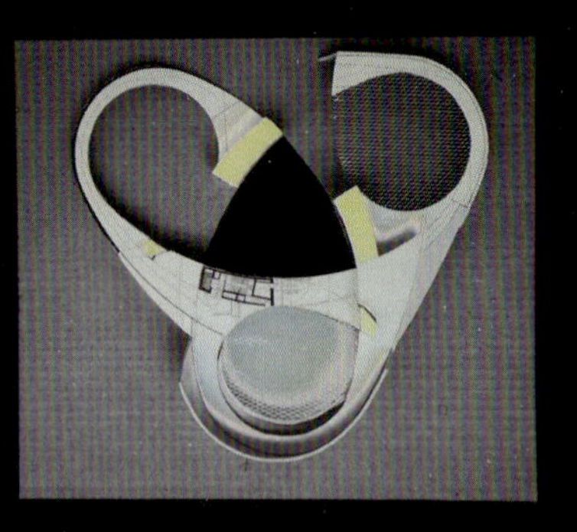

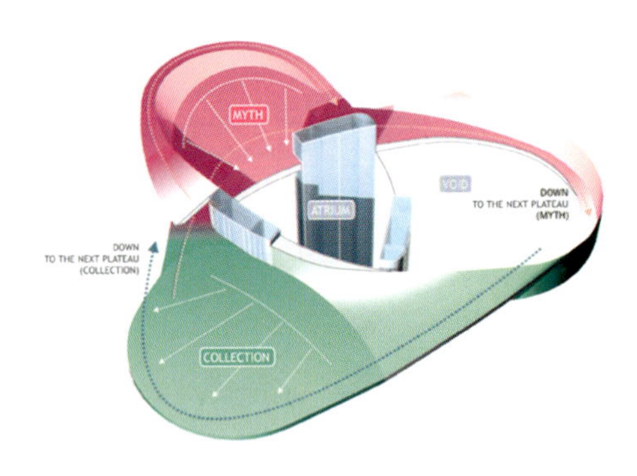
MYTH
ATRIUM
DOWN
TO THE NEXT PLATEAU
(MYTH)
DOWN
TO THE NEXT PLATEAU
(COLLECTION)
COLLECTION

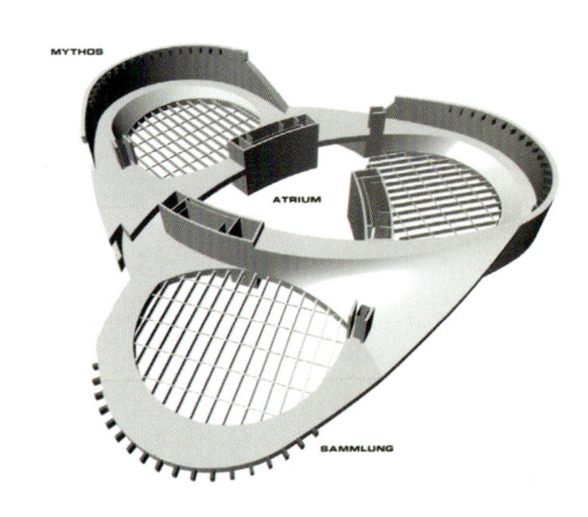
MYTHOS
ATRIUM
SAMMLUNG

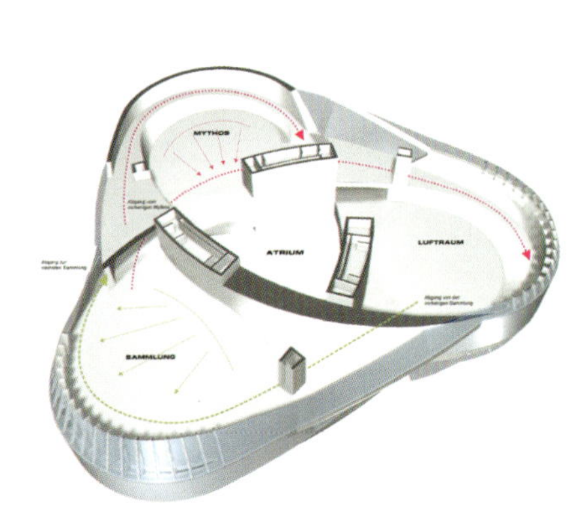
MYTHOS
ATRIUM
LUFTRAUM
SAMMLUNG

当你漫步在展区之中仿佛是行走在漫漫的时间长廊，雄伟和大气的室内设计让你感叹奔驰公司深厚的文化底蕴，奔驰品牌的经营理念和文化氛围也是通过这样的设计被形象而完整地展现到了极至。现代且富于变化的设计，使得展馆内每一个独立的展品都自然而然融入到品牌历史的命脉中。进门第一件展品居然是一匹马，可见汽车发明之初与“马”这种交通工具之间的竞争。参观者可以搭乘电梯来到博物馆的顶楼，在那里有两条线路可以让你领略到关于奔驰公司历史和大事记的9个故事。每条线路都以非常有特色的“银箭—赛车和记录”展示为结束，这个银箭头把人们的视线引入一个圆柱型的墙体，那里播放着赛车史上一辆辆创造新记录的该公司赛车。

梅赛德斯－奔驰博物馆建筑上的双螺旋结构为其带来了非常独特的设计，那就是“两条线”的参观路线设置。沿着第一条参观路线，有7个“传奇区域”按年代顺序讲述品牌故事。在第二条参观路线中，大量的展车在5个“收藏区域”中展示了奔驰品牌产品的多样性。并且参观者可以随时在两条参观路线之间转换。7个传奇区域由大约80m长的平缓坡道连接起来，这种设计同样是为了方便残疾人，楼层之中的众多平缓过渡让轮椅使用者可以安全和舒适地在建筑物中参观。除了以汽车发明为主题第一个传奇区域和最后一个传奇区域（以汽车竞赛历史为主题）之外，所有的传奇区域都按照相同的规律进行布置：沿着弧形苜蓿叶式墙壁外侧，坡道向下延伸到放置在相应历史背景中的展车。收藏区域以不同的主题为线索，展现了奔驰汽车的多样性。还有一个被称作“技术魅力”的独立展览，它在博物馆中占据了特殊地位。在历史考验的背景下，“技术魅力”展品让参观者领略了奔驰工程师和开发人员的日常工作以及汽车的未来。当然在参观的两条线中，博物馆提供了咖啡厅、餐厅以及各种店铺等完善的配套设施。还有特别机巧的设计，“技术魅力”与奔驰中心的展厅有直接通道，它从经典车型天衣无缝地过渡到现代产品系列。

从传奇区域参观路线通往收藏区域之一的坡道旁边有可以从两面观赏的玻璃橱窗。在外侧，玻璃橱窗展示模型汽车；在内侧，玻璃橱窗则展示较小的展品（如车辆部件、附件和广告礼品）。“微型电影院”也放映体现相关收藏区域主题的电影。而“竞赛和记录”是令人激动的博物馆参观路线结尾。在进入这个区域时，参观者可以坐在倾斜弯道对面看台的舒适座椅上，欣赏令人难忘的总体布局，或者通过6个显示器来观看历史赛事的节录片段。这个看台与倾斜弯道后面的通道相连，通道朝向“竞赛隧道”，可以通往以“竞赛和记录”为主题的传奇区域。

总之梅塞德斯－奔驰博物馆的结构和内容是紧密地结合在一起的。整个博物馆就像一部传奇中的汽车。其独特的构造就是一个收藏品的陈列柜，将技术性、冒险经历、吸引力、差异融于一体。人们在这里可以了解和观看，自由地走动、幻想，并通过有魅力的物体、灯光或空间等找到属于自己的位置。（文中图纸及部分照片版权属于UN Studio）END

1 建筑的灵感来源于“DNA”双螺旋结构
2 设计过程中的模型探讨
3 各层平面功能及流线组织
4 不停旋转的3个互相环绕的源泉是建筑设计思路的主线
5 模型内景
6 博物馆独特的构造使之成为一个集技术性、冒险经历、吸引力、差异性为一体的收藏品陈列柜

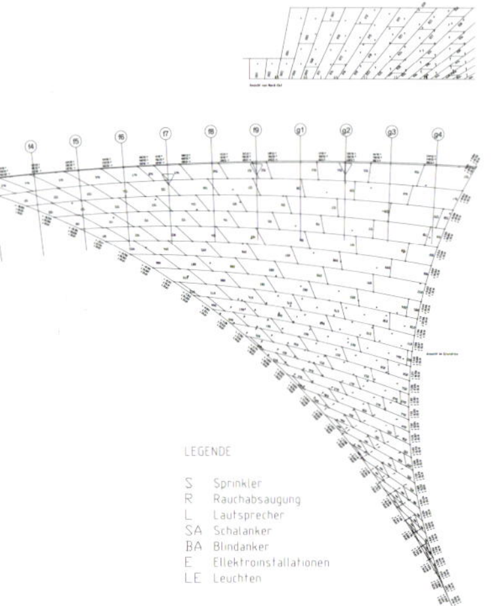

1 三维电子模拟结构
2 “螺旋形”结构
3 巨大浩繁的施工现场
4 精确、严谨的“螺旋形”结构施工图
5 建筑独特的内部结构使人联想起特大型飞机螺旋桨的内弯结构
6 中央电梯直达顶层

Анадыр

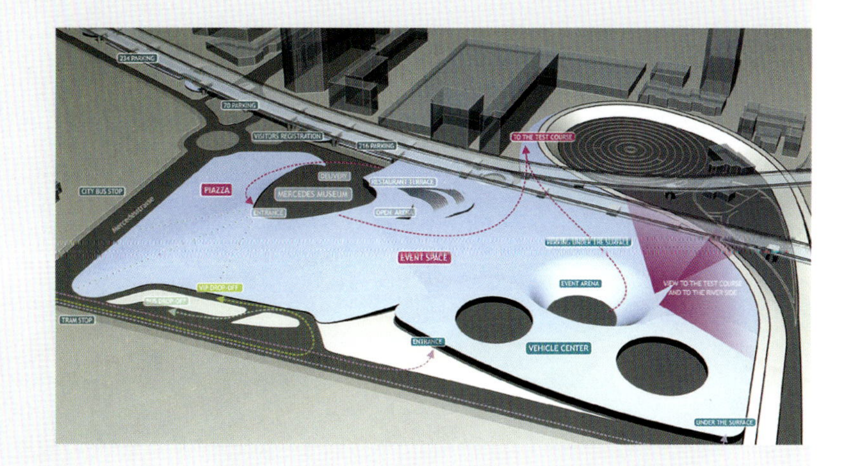

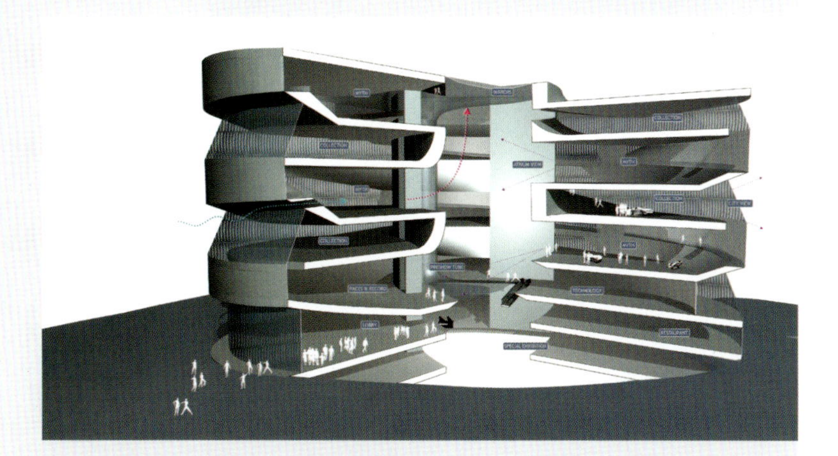

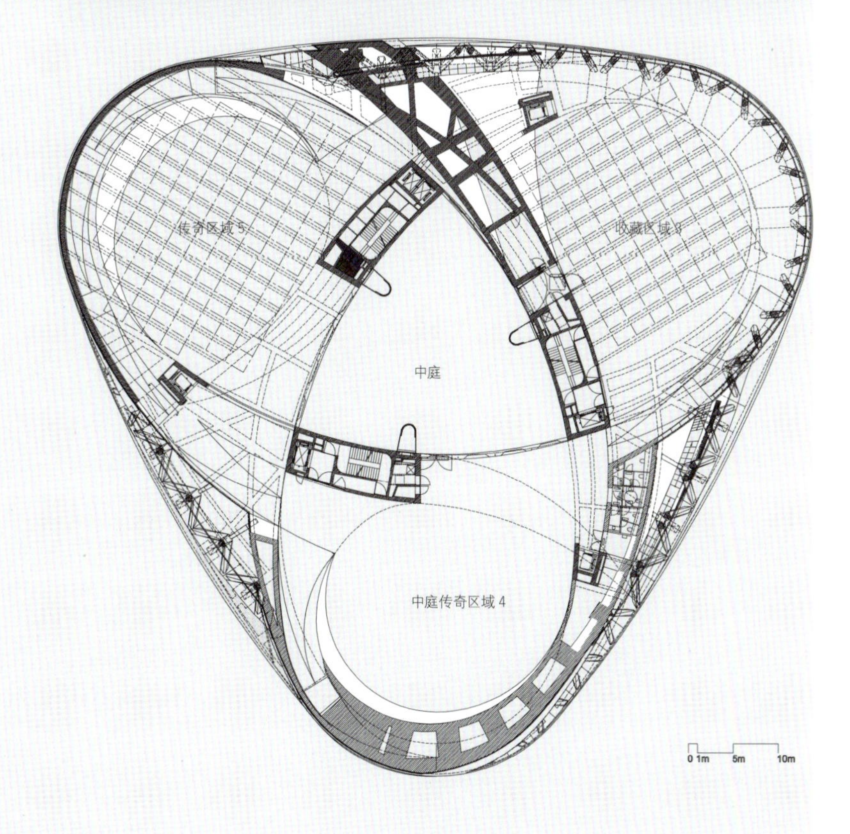

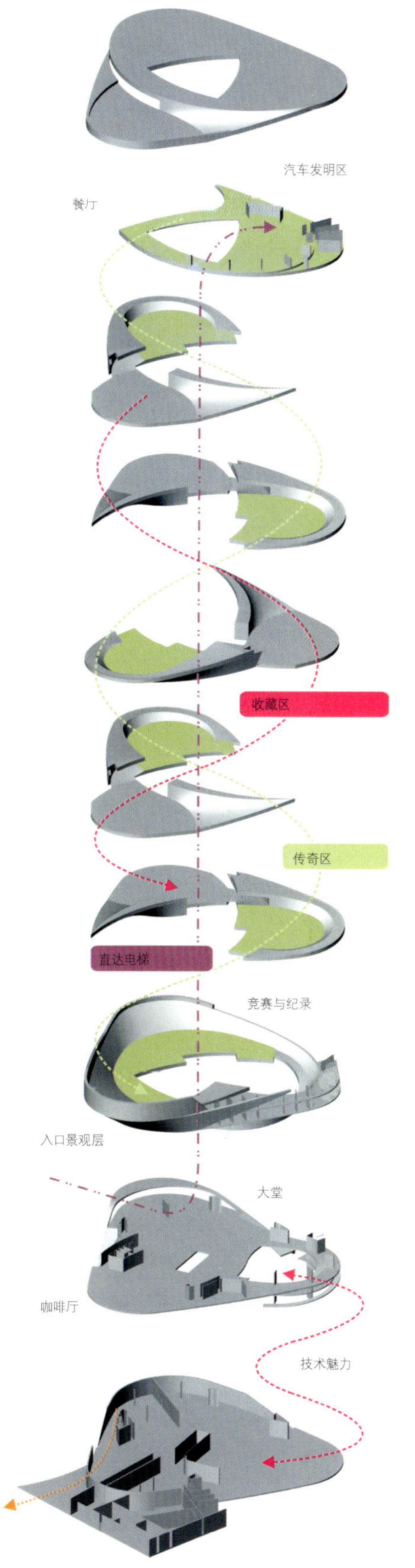

1	3	
	4	6
2	5	

1 两位来自荷兰的设计师通过橘色的大量使用，为整个空间注入了强烈的个人风格

2 博物馆提供了咖啡厅、餐厅及各种店铺等完善设施

3 交通组织流线

4 建筑剖面模型

5 第五层平面图

6 各层参观流线及功能示意图

1	2
3	4 5 6

1 采用了铝和玻璃的外墙，加上 1800 块全景玻璃墙，使建筑显得通透和轻盈
2 入口大厅中通往首层的自动扶梯
3 高超的建筑技术使整个博物馆看起来就像一部传奇中的汽车
4 "收藏区域"展厅
5 "传奇区域"展厅
6 以"竞赛和记录"为主题的传奇区域

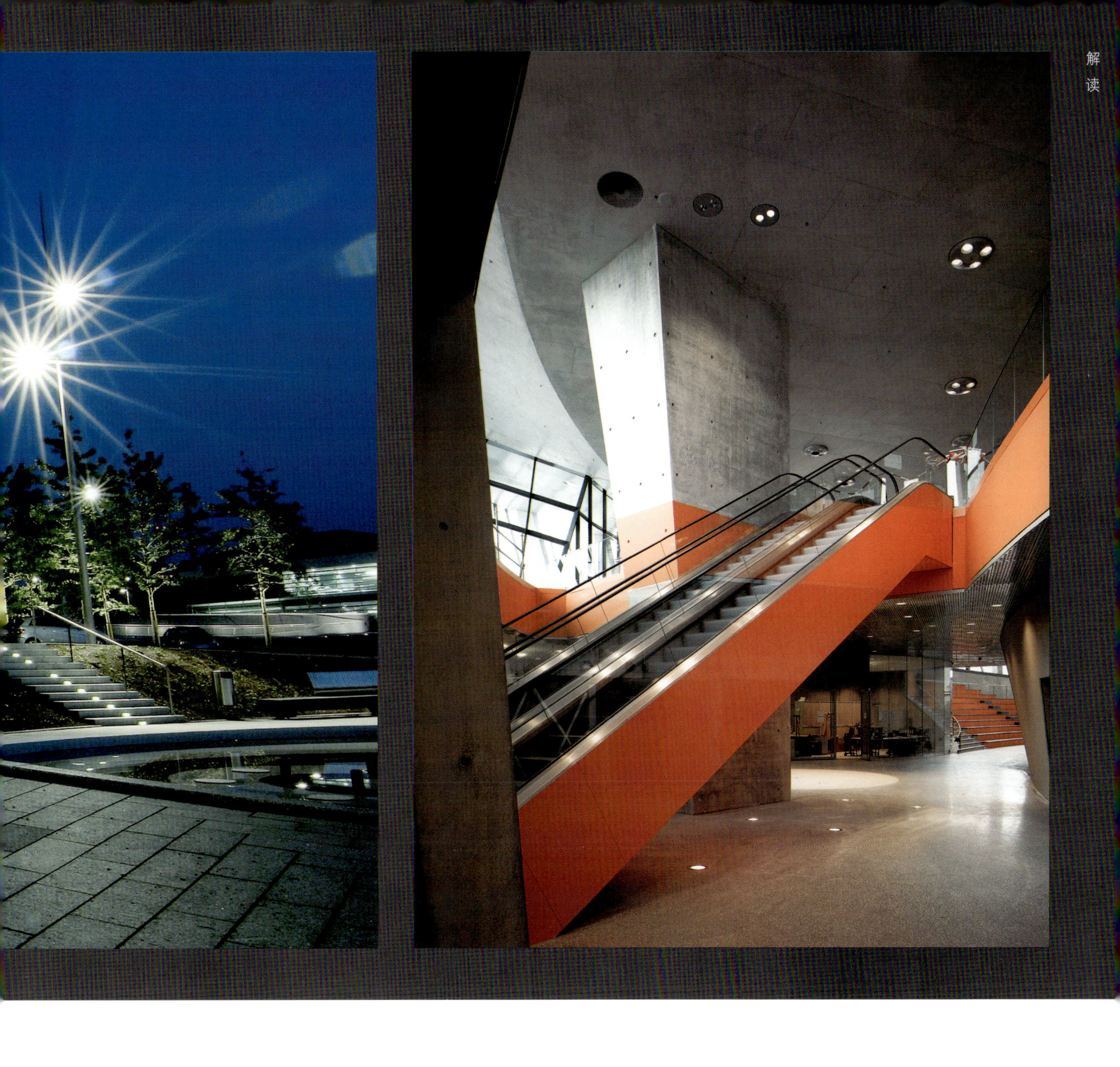

保时捷博物馆：漂浮的动力学
PORSCHE MUSEUM, STUTTGART

撰　　文	海军
摄　　影	Porsche AG、Konzept 3D
资料提供	DELUGAN MEISSL ASSOCIATED ARCHITECTS 斯图加特旅游局

项目名称	保时捷博物馆
地　　点	Porscheplatz 1, 70435 Stuttgart Zuffenhausen, Germany
设　　计	DELUGAN MEISSL ASSOCIATED ARCHITECTS
业　　主	Dr. Ing. h.c. F. Porsche Aktiengesellschaft
施工时间	2005 年
竣工时间	2008 年 12 月
展厅面积	5000m^2
餐饮面积	500m^2
博物馆商店	200m^2
经典汽车工作坊	1000m^2
会议区域	700m^2

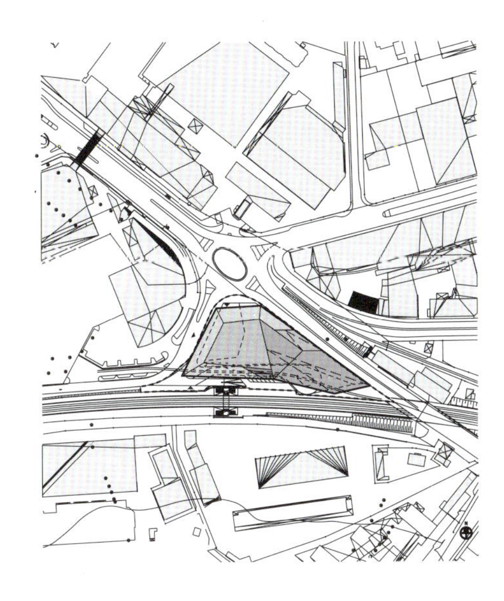

保时捷的成功在很大程度上归功于其独特的传统，这一传统帮助它成为全球最具创新性和最具经济实力的汽车制造商之一。该传统就是推动未来车型开发的动力。

传统既是一项荣誉，同时也是一种责任。这就是在祖文豪森的保时捷广场群中建造新博物馆的原因。在新博物馆中，这个传统将比以往任何时候都更加鲜明：风格强劲、充满活力，不仅体现了牢固扎根于过去的传统，还体现了始终着眼于未来的开拓精神。

建筑物位于保时捷广场群中心，奢华的建筑标志形状仿佛一座圆形雕塑，会令旁观者迫切想知道这座建筑物的最终外观。

这所博物馆将成为保时捷的商务中心，不论是外面还是内部都将努力完美地体现公司形象。在这个面积超过 21000m^2 的建筑里，保时捷古老的历史和当今最前沿的成果都将汇聚一堂。博物馆建筑的动感形状令人感觉它仿佛轻盈地悬浮在半空之中，建筑风格符合保时捷建筑的原则，是公司个性的象征，同时忠实反映了公司的实际成就和产品。其独特形状经过精心选择，以便将博物馆与典型的保时捷中心区分开来。同时，博物馆将与相邻的 Porsche AG 主厂和公司的销售分支机构一起，兼作公司的旗舰和公众的视觉标志。新博物馆将成为综合有关保时捷的所有历史和现代知识并向公众展示的中心。除了一个占据中心位置、用来展示各种魅力车型的宽敞主展区外，该建筑还将包括各种与保时捷历史直接相关的功能区。Porsche AG 的历史档案馆和经典车修理车间都将坐落在新博物馆中。

保时捷为之注入活力的“滚动博物馆”概念仍将是这家跑车制造商的标志，并将成为祖文豪森新设计展馆的有益补充，为其增添新鲜的动人魅力。参观者将看到定期轮换的展品组合，而不是一次传统、贫乏的展览，这种组合营造出一种不断变化的氛围，与保时捷作为一家现代公司的性质相协调，保持了综合传统与创新的文化所制造的悬念。保时捷以其“活着的博物馆”的理念开拓了一条全新的道路，其博物馆展品仍能满足最初的制造用途：移动！新博物馆将通过按年代顺序排列的“产品历史”、

1 相较于典型的老馆，新博物馆外形前卫、大胆，具有开拓性
2 总平面图
3-4 整个设计旨在表现保时捷跑车的个性精髓
5 巨型的 Logo 引人注目

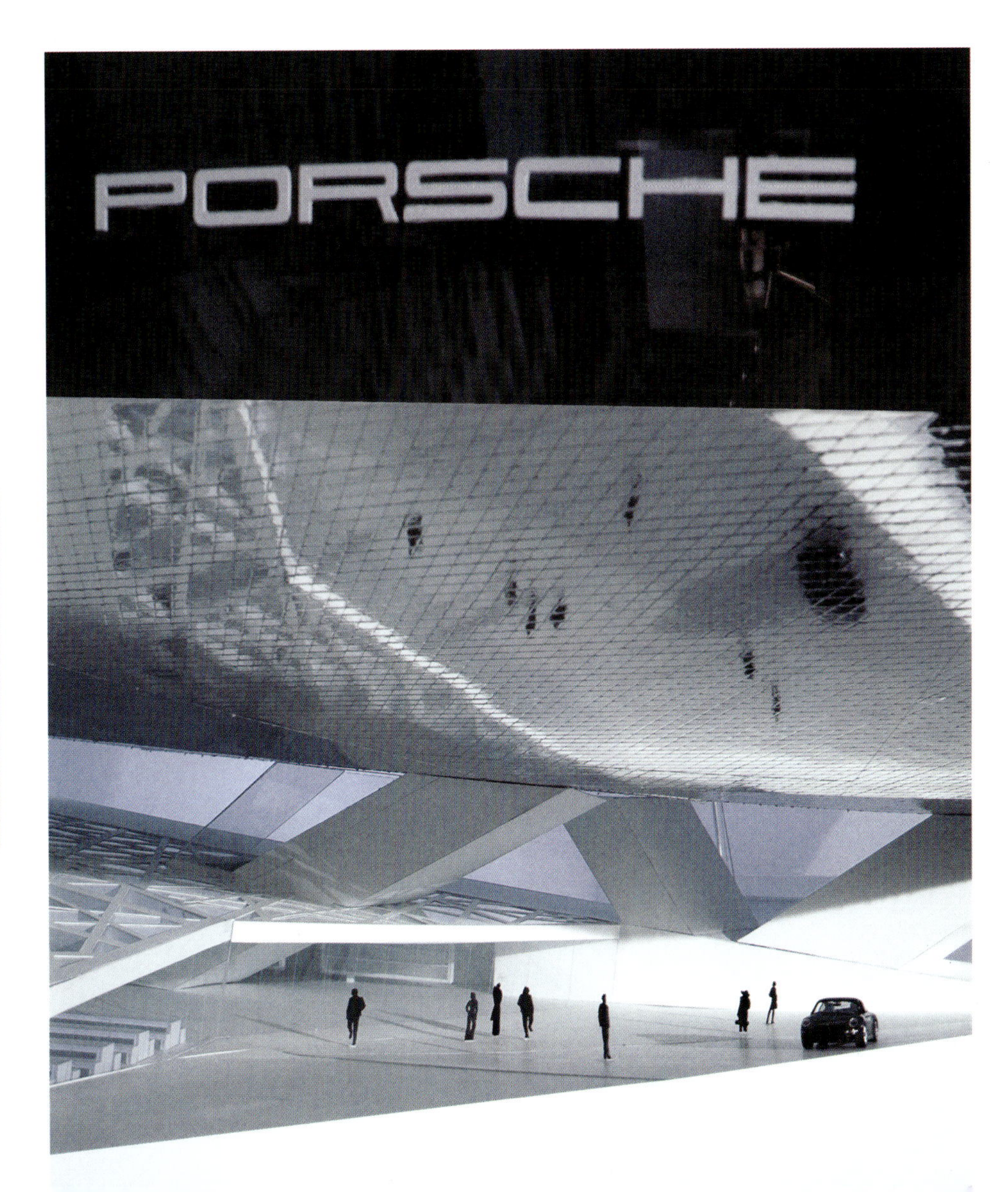

1	2
3	4 5

1 博物馆的主体与入口上下脱开，令人感觉整个建筑彷佛轻盈地浮在空中

2 建筑形态动感十足，象征着速度与激情

3-5 入口空间丰富多变

“保时捷理念”的各个展位和“主题群”向参观者展示保时捷悠久而令人难忘的历史。新博物馆将在其独特的环境中，展出大约80辆汽车以及众多小件展品。除了保时捷生产的一些举世闻名的标志性车型如911或917之外，参观者还将欣赏到创始人Ferdinand Porsche教授在20世纪初设计的技术杰作，当时“保时捷”这个名字已经代表着这样一种雄心，即决不接受一个未完全达到期望或仍有改进空间的技术解决方案。

此外，经典车维修车间将位于新博物馆建筑中，并在此具有相当重要的地位，因为这里将是专家悉心照料博物馆展品和客户拥有和经典车互动的场所。好奇的参观者可以在此了解车辆复原的全部情况，从维修保养直至完整的发动机、车身和底盘修理。

这所造型独特具有历史意义的建筑将给观众带来完美的视觉感受，将来，这里不单单是用来展出保时捷的新车和提供展览服务，还会展出保时捷用户们收藏的具有历史意义的保时捷车。而在博物馆建成后不久，会有170个工作间提供给来自欧洲不同国家的公司和工作室作为工作场地。另外，来宾可预订餐饮设施和活动区域举办私人活动。极度的灵活性、先进繁荣技术和独特的保时捷环境共同造就的特别氛围，将令活动真正令人难忘。活动完毕，千万别了去博物馆商店。那里出售各种不同价格的经典礼品，很多都是限量版的。

除了开展这所博物馆的建设工作之外，相应的展览设计和准备都也在如火如荼的进行着。在未来，场馆的展示将会开辟保时捷博士的专区，包含其设计理念、创作品，与早期的工作室原貌，都会在此重现；当然，全线产品的展示间，也是不可或缺的重点。同时为配合这一主题，还会在展出保时捷历年来优秀的赛车作品，希望人们可以在这次展览中体验保时捷的历史和哲学。

保时捷博物馆将成为祖文豪森传统保时捷生产基地的形象大使，并在一个原本以功能性工业和商业建筑为主要特征的区域发挥一种新的积极的宣传效果。这座博物馆，将会是保时捷公司广场中，最耀眼的一座建筑。END

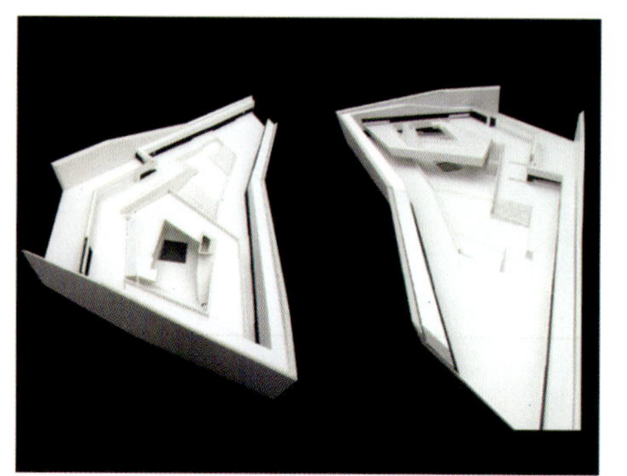

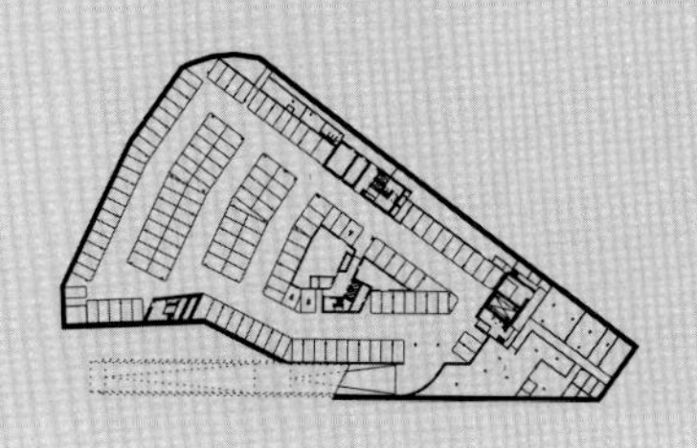
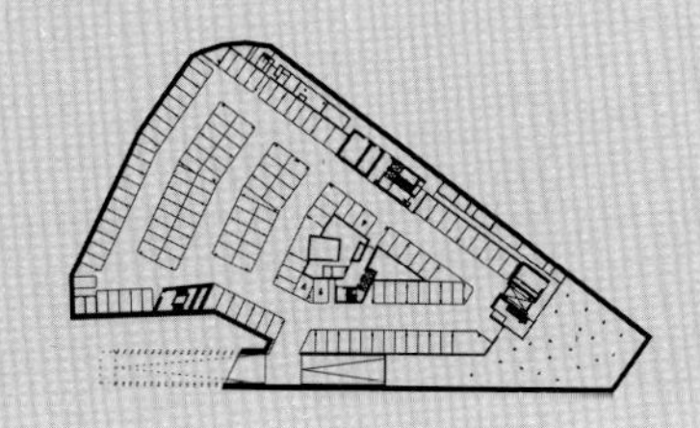
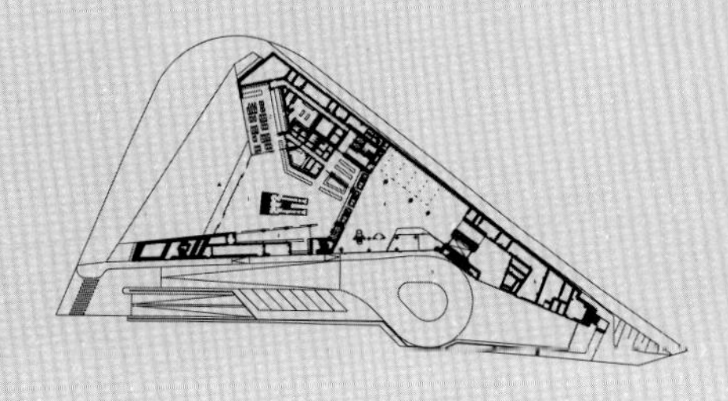
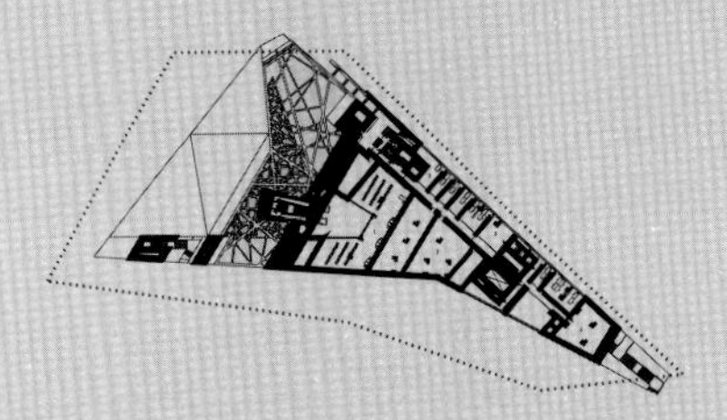
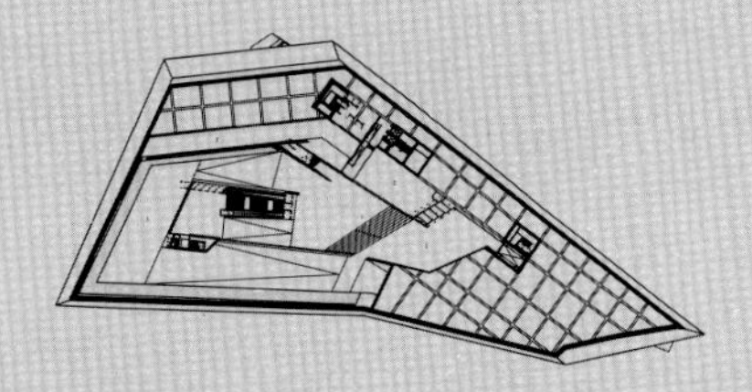
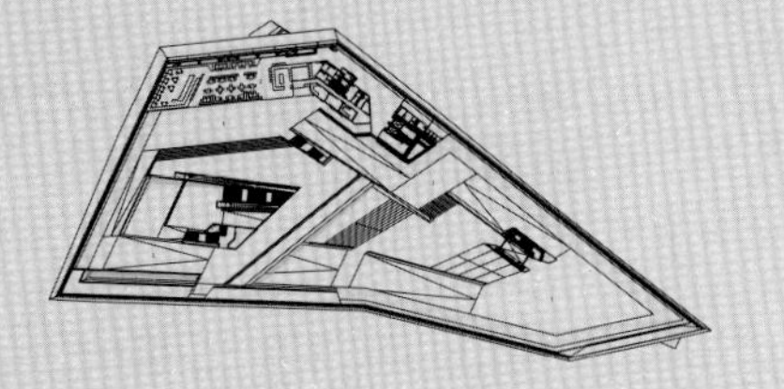
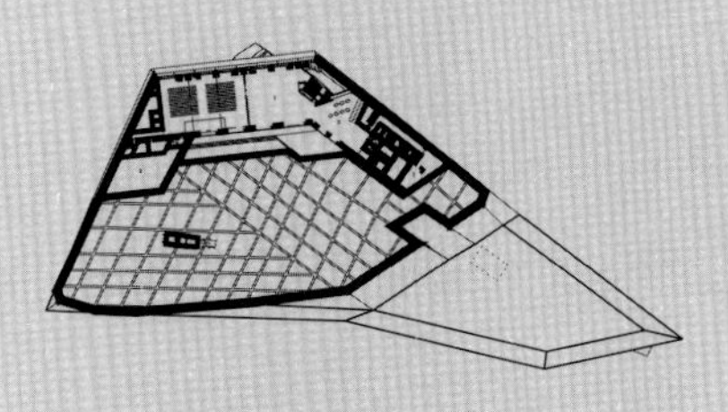
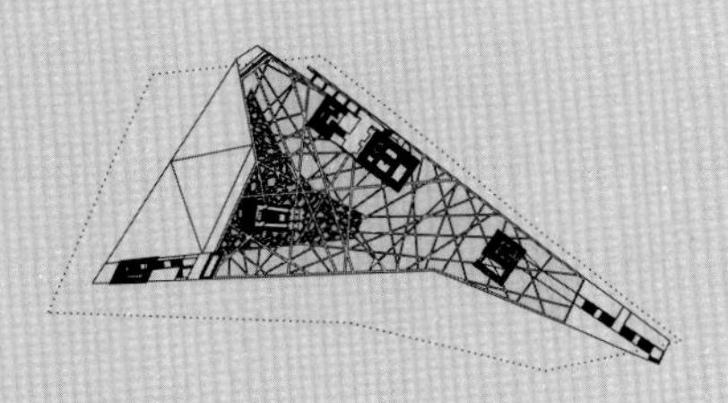
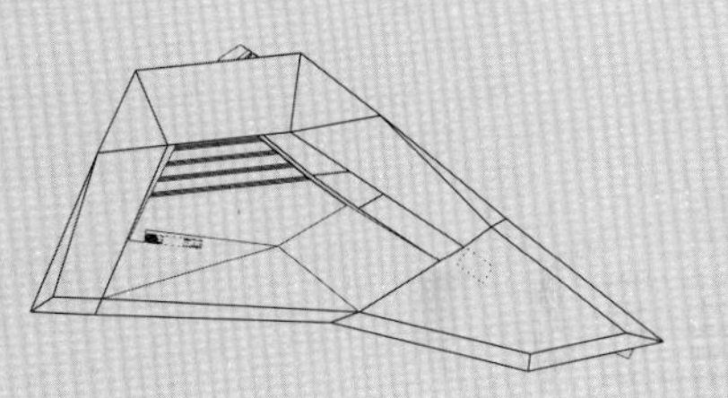
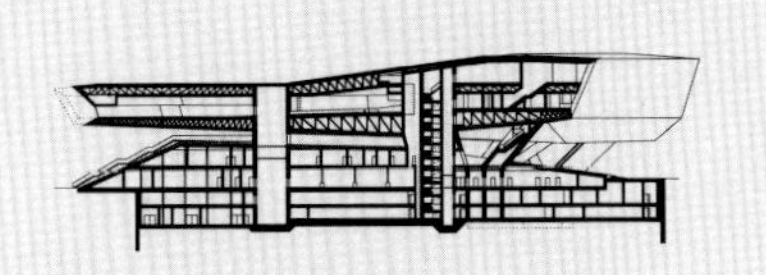
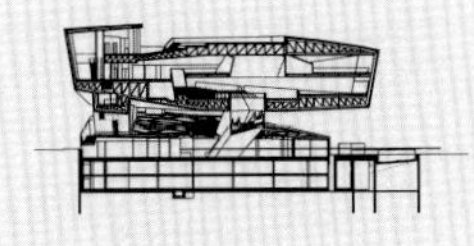
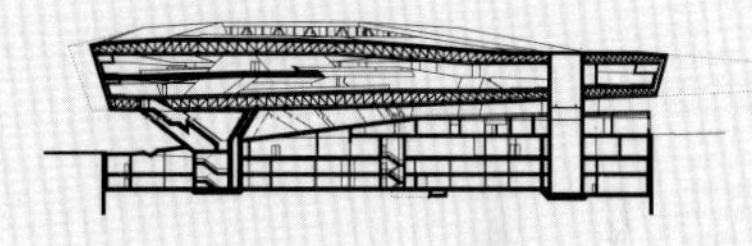
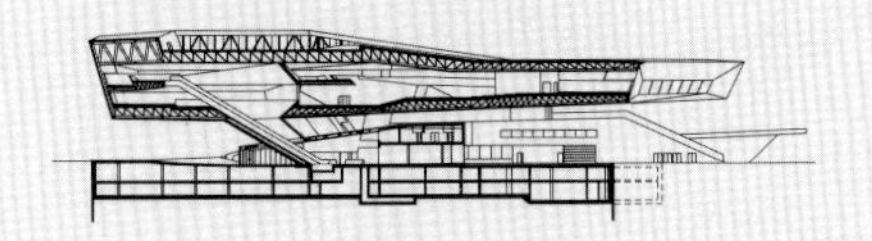
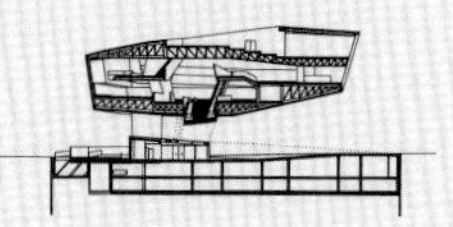

1-2 建筑的主体为全钢架结构
3 整个建筑将力与美的结合诠释得淋漓尽致
4 钢构架的三维模型
5 建筑模型
6 各层平面图
7 剖面图
8 建设工程正如火如荼地进行着

欧洲犹太遇害者纪念碑
MONUMENT TO THE MURDERED JEWS OF EUROPE, BERLIN

撰　　文｜豆豆
资料提供｜彼得・艾森曼事务所

项目名称	欧洲犹太遇害者纪念碑
设　　计	彼得・艾森曼（Peter Eisenman）
业　　主	欧洲被害犹太人纪念碑基金会
面　　积	19074m²
造　　价	2500 万欧元

1-2　纪念碑细部
3　鸟瞰
4　建筑与周围环境关系

“建筑是关于纪念碑和坟墓的”，维也纳建筑师阿道夫・路斯在 20 世纪初这样说到。这就意味着一个单独的人的生命可以用一块石头、一块板、一个十字，或者是一颗星星来纪念。这个简单的观念终于以种族灭绝和广岛原子弹大量死亡的过程作为终结。今天，一个人不再必定会以个体的身份死去，而建筑也不再能以其昔日的方式对生命作出纪念。昔日作为个人生命和死亡象征的符号必须得到改变，而这将对记忆和纪念都产生根本性的影响。任何想要以传统方式代表种族灭绝的暴行和恐怖的尝试，必定都是苍白无力的。对种族灭绝的回忆绝非怀旧。

纪念碑的背景是暴行。方案表达了这样一个观点，看似属于一个系统的事物具有与生俱来的不稳定性，在这里表现为一套理性的网络，有随时间消解的潜在可能。它暗示，当一个应当理性且有秩序的系统扩张得过于巨大，且超过其原有设想的目的尺度的时候，所有拥有封闭秩序的系统都必将瓦解。

在从一套显然稳定的系统中寻求固有不稳定性的过程中，方案的设计从刚性的网格结构开始，它包括约 2700 个混凝土柱或石柱，每个都是 95cm 宽，2.375m 长，高度从 0~4m 不等。这些柱子间距 95cm，只能容纳一个人穿过网格。尽管柱子底面和顶面的不同可能看起来是很随机且武断的，是纯粹的形式表现，但事实并非如此。每个面都是由柱子网格的虚空间和更大的柏林城市环境的网格线相互作用而决定的。事实上，是网格结构的平移，使不确定的空间在纪念碑表面上的严格秩序内生长。这些空间被压缩、变窄、加深，提供了各个角度的多重体验。场地的动荡不安粉碎了绝对对称的概念，并解释了全方位的真实。内部网格秩序和安全的幻想，以及街道网格的框架，就这样被摧毁了。

保持完整，无论如何，是关于柱子在两个起伏的网格之间延伸、在视平线上形成顶面的想法。两套系统相互影响的方式勾勒出了其间不稳定的地带。知觉上和感觉上存在于地形和石柱顶面之间的分歧就这样产生了。这一分歧及时表明了一种差异，它是亨利·伯格森所谓的顺序、叙述的时间和过程的时间之间的差别。纪念碑林对这种差异的记录，有助于使一个有痛苦和沉思的地点，拥有记忆的元素。

"信息之地"的展览馆被弱化了，它被高效率地设计，使任何对纪念碑林石柱广场的干扰最小化。它的规模、重量和密度似乎能使人们感受到压抑和封闭。它的空间组织将地段内的石柱延伸到建筑物中，唤起了人们在其中曾有的反省和沉思状态。石柱用带有与其上的场地相匹配的肋条方格屋顶平台的形式表达。这些元素的存在被放在典型的九宫格中的建筑墙破坏了。这个网格相对于场地的逻辑方向做了旋转，于是，阻止了人们对其过去布局的典型理解。参照系的不确定框架产生了更进一步的结果，它将人们一个个孤立起来，更容易产生令人不安的个性化体验。

通过与硬质的物体并列摆放，建筑的混凝土上将呈现一系列展览，现代化的技术将营造出引起人们反省的短暂而震撼人心的内容。发光影像和文字的光芒意在消解建筑的墙体，使那些石柱能被展现为场地的地形外延。

在《追忆似水年华》中一个极富先见之明的片段，马塞尔·普鲁斯特定义了记忆的两种不同类型：一种是基于过去的怀旧，多愁善感地回忆起过去，不是按照它们当时的样子，而是按照我们想要的方式想起它们；而另一种则是逼真的记忆，它一直活跃在过去，并避免对回忆过去的怀旧。种族灭绝不能以第一种方式——怀旧的方式回忆，因为它的恐怖永远切断了怀旧与记忆之间的关联。回忆种族灭绝由此就只能通过一种逼真的方式，过去仍然历历在目。

在这种条件下，这个纪念碑林尝试表达关于回忆与怀旧截然不同的新观点。我们设想纪念碑林的时间，即它的过程，与人的体验和理解的时间是不同的。传统的纪念碑是从它的象征意向，从它代表的意义来理解的。这不是从时间的角度来理解的，而是从空间的角度来理解；看到它的同时就能够理解它。即使在传统的建筑中，如迷宫，在体验和理解之间也有一个空间—时间的过程；你必须有一个进入或出去的目的。

在这个纪念物中，没有目的，没有终点，不用进入或出去。个人对它的体验过程不再对理解有帮助，因为理解是不可能的。纪念碑林的时间，从顶层表面到底面的过程，与体验的时间是分离的。在这里，没有怀旧，没有对过去的记忆，只有对个人体验的逼真记忆。在这里，我们只能从它在当前的表达得知过去。END

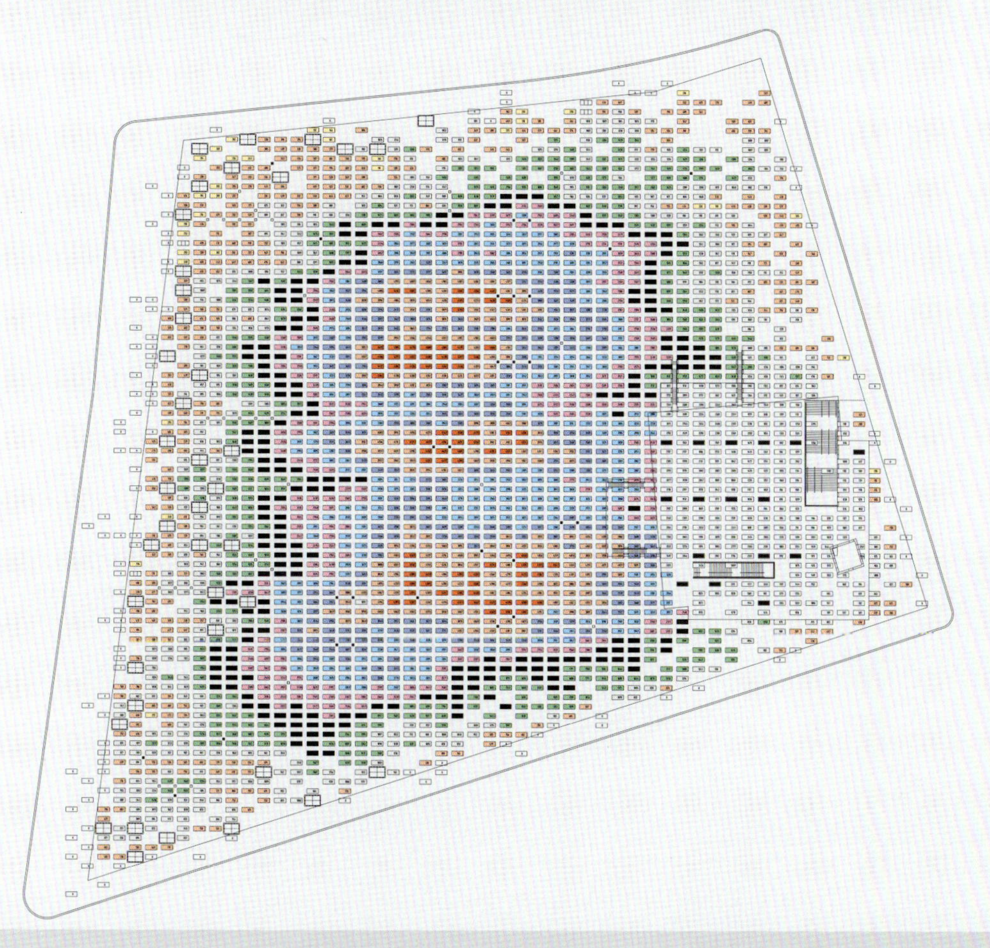

1	3 4
	5
2	6

1 人群穿过纪念碑
2 纪念碑与天空关系
3-4 模型
5 总平面
6 模型

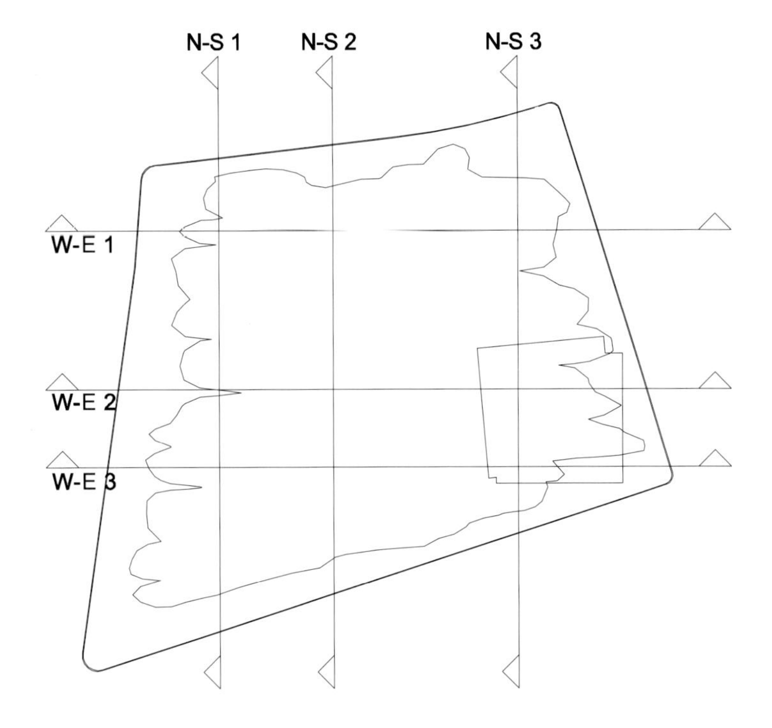

1	3
2	4

1 剖面线示意图

2 剖面

3 纪念碑群

4 纪念碑上的光影效果

Ebertstrasse　Cora Berliner Strasse

Ebertstrasse　Cora Berliner Strasse

Ebertstrasse　Cora Berliner Strasse

Behrenstrasse　Hannah Ahrendt Strasse

Behrenstrasse　Hannah Ahrendt Strasse

Behrenstrasse　Hannah Ahrendt Strasse

普福尔茨海姆首饰博物馆
SCHMUCK TECHNISCHES MUSEUM

撰　文 | Sammy
摄　影 | 老燕子

项目名称 | 普福尔茨海姆首饰博物馆
地　　点 | Jahnstraße 42 · D-75173 Pforzheim
设　　计 | Manfred Lehmbruck

在首饰博物馆中展出5000年的首饰史和夺人心魄的真品，珠光宝气，真是独一无二。

单调无聊的战后时期建筑群，20世纪70年代年代的混凝土建筑外观，冷峻的现代实用主义。难道这就是普福尔茨海姆——“黑森林之门”，这个以“金子之城”而闻名的地方所建造的博物馆？

没错，这是一个德国战后的极品建筑。由原来极其简陋的市政文化中心所在地改建而成，建造于1958~1961年间。它的外观极其规则，由凹凸不平的艺术涂料和极其光面的材质——同等大小的玻璃砖匹配而成。一层由等距离的廊柱支撑，立面被隐在两层及其更高处、更内侧的一个位置。总之以极为清晰的线条和国际化的风格出现在众人的眼前。结合立方体积的简约建造，在当时算是突破保守陈旧思维的建筑物代表。

整个博物馆的颜色归纳起来就是无色（黑、白、灰）和木地（黄、橙色）的结合，加之偶尔的绿色花草，为此增添生机。另一幢近似层高的建筑则采用不规整的大理石外观拼接而成，更酷。它和它，一直被安放在这片温暖的草木繁茂之地，就像是刚被搬运来的一个异国建筑物一般。它们被满是粗大的鹅卵石和产于意大利卡拉拉地区的蓝色带条纹状大理石包围，在接近花园的地方，有满眼类似地中海风格的花卉点缀着建筑物。

大堂和参观中心都是方正的空间。休息室是个参观者聚集见面，休息后再度会合的地方，也是方盒子外型建筑之外最显眼的叠加之物，因此非常值得设计师花心思去设计。休息室总是被灯光所淹没，并且随着参观者心情的起伏和声调的变换而不断变化。巨大的全景落地玻璃映射出来的是室外满眼肥沃的草地。而休息大厅的顶部是个圆形被镂空的洞，用于腾出空间置放螺旋形的内部楼梯，非常巧妙。这个楼梯做工考究，全身被雕刻。楼梯扶手运用橙色作为警戒色，流畅的线条极好的打破了周围直线的死板，顿时生气勃勃。而除了休息室外其余楼道旁的休息区域，则采用了木质规则长凳，显得朴素大方，与顶部相似形状不同材质的玻璃砖结构形成了极好的呼应。一切都是那么自然，处处显露出人性的关怀。

设计师Manfred Lehmbruck是著名的雕塑家Wilhelm Lehmbruck的儿子。出生在巴黎，成长在苏黎世和柏林。他受过包豪斯教育，曾做过雕塑等工作，但他最热爱的还是设计并建造博物馆这项工作。他有自己的工作室，并且以竞标的方式获得了普福尔茨海姆首饰博物馆的设计资格。因为生长经历和历史的原因，他的设计风格日趋国际化、简明化。后来，他还在德国境内设计了其他多处文化场馆。

这是一个“总体的艺术作品”。之所以这样说，是因为内部的黄金首饰和外部的空间设计都是大小不同的设计作品，同包含在一个空间中。

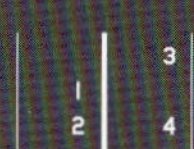

1 类似地中海风格的植物点缀在建筑物的周围，为单调的环境增添了些许生机

2 立方体的建筑造型，是二战后德国现代主义建筑的典型代表

3 两个外观迥异的等高“方盒子”被安放在温暖的草坪中，仿佛异国来客

4 螺旋形的内部楼梯被放置在休息大厅顶部镂空的圆形洞中，做工考究、线条流畅、颜色活泼

Lehmbruck 同样也是室内空间的设计者。他从楼梯、家具和展示品中获得灵感。一个突出的例子是他善于创造尺寸不同形状内部贵金属周围自带发光体的橱窗，就好像神秘的漂浮在黑暗中的宇宙飞船。这些灵感，是从建造之初的 1957 年，俄罗斯人的人造地球卫星进入飞行轨道，两年后，这个无人驾驶的空间舱拍摄了月球的照片重新返回得到启示的。这是人类历史上的一项重要发明。为了纪念这个事件，设计师选择了如此的隐喻来装载这些昂贵的首饰是最合适不过的了。而那些利用微光材料制成的空间走廊，是由 Adolf Buchleiter 设想的。利用无线电定向作为空间分割，他虚构了如浮雕一般的月球表面。然而，这种艺术存在于建筑中的思想，在当时是被市政当局持否决态度的。这其实是波普文化的一种预告。

普福尔茨海姆首饰博物馆以一座收藏有众多无价之宝的一流藏馆为傲。古代、文艺复兴、青春艺术风格成为了这里展览的重点主题。当然您还会找到现代和民族化的首饰系列。参观者将在此体验到从公元前 3000 年一直到当代的西方首饰艺术完整的发展过程。作为一个年代的建筑遗产，如今它已经被保护并具备里程碑式的作用。

传统艺术，结合现代经典和流行风潮，普福尔茨海姆首饰博物馆就是这样一个综合艺术的产物。END

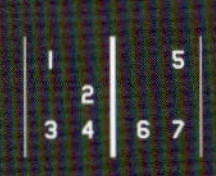

1　整个展示厅空间简洁、纯净
2　设计师根据展品特点，创造了各种尺寸的橱窗
3-4　民族化的首饰系列也在此进行了展示
5-6　自带发光体的橱窗，就好像神秘的漂浮在空中的宇宙飞船
7　整个博物馆的颜色归纳起来就是黑白与木色的结合

案艺术实验室：已完成的半成品

REBUILDING INTERIOR AND VI DESIGN OF & ART LAB

撰　　文 | shelia
资料提供 | 多相工作室

项目名称	案艺术实验室建筑改造、室内设计、VI 设计
地　　点	中国北京朝阳区酒仙桥路 4 号 798 工厂 D-10
业　　主	案艺术实验室
建 筑 师	多相工作室
设计团队	贾莲娜、陈龙、陆翔、胡宪
合作事务所	北京意社建筑设计咨询有限公司
设计时间	2006 年 5 月 ~2007 年 3 月
建设状况	已完成
占地面积	694m²
建筑面积	782m²

"案艺术实验室"位于北京 798 艺术区内，前身是 20 世纪 50 年代的仓库。通过改造，现如今已经成为一个主要用于展览和活动的新空间。"案艺术实验室"占地 694m²，建筑面积为 782m²。历经多相工作室将近一年时间的改造后，设计师将原有的为特定功能而建造的，完成度很高的空间转化为功能开放的、易于改变的半完成空间，并将此空间命名为"已完成的半成品"。"已完成的半成品"不是介于半成品和成品之间的一种中间状态，而是另外一种全新的状态。这种状态相对于半成品，已经具有相当的完整性；相对于成品，还具有可被扩展的开放性。如果要具象地解释"已完成的半成品"，那现实世界中小到积木，大到剧场；虚拟世界中的互联网和某些电子游戏，如"第二人生"，都是始终处于可被扩展或者延伸或改变的状态中。而且在本质上，他们本身就已经具备了完善和足够的实用性。

这种全新概念的模式其实是由实体和关于实体的规则构成的开放体系。基于这一体系，使用者可以将其发展、改变、重塑成不同的状态，其核心价值观就是开放性。由规则所限定的开放性提供了系统被改变和被重塑的可能性。在这种可能性下，使用者也成为了建设者。

在建筑上，"案艺术实验室"可以被称为是这种已完成的半成品模式的典范。设计师在地面和顶棚以 1m×1m 的矩阵共设置了 395 个连接点作为临时接口。使用者可以按各自需要利用临时接口固定金属杆件，围合划分空间。还可以使用固定或支撑艺术作品、墙、帷幕等任何展览或活动所需的构件，无限制地、灵活地赋予空间各种新的功能。这种新型的动态设计可以称之为新生派的建筑风格。为了确保这种建筑形态对于开放性的理想，就要求使用者在设计的过程中制定一系列的规则，比如关于空间、物件、介入物等等这些实体之间的相互关系。在事先周密而完整的筹划下，所有这些元素有条不紊地组合在一起，从而确保已完成的半成品能成为一种完善有效的体系，同时又具有灵活的延展性。

"已完成的半成品"的概念同样也贯穿在案艺术实验室设计的办公用品——"豆荚"系列中。"豆荚"系列的设计是从对目前通用的办公用品的两个反思开始的：

1. 每种用品都是不同规格，名片、便签、记事本等规格差异很大；

2. 每种用品都是独立存在，难于整理和收纳。

这两个问题的本质是：各物件的独立性过强。而"豆荚"系列则创造了个完全开放的系统，包容各自的独立性，并允许不同的新成员不断加入，创造灵活多变的形式。"豆荚"的设计并不复杂：将日常使用的各种办公用品都整合为本子，本子的规格即原始纸张各自的 16 开（小、中、大度纸对折 4 次）；其次，令每个本子自身的连接件同时也作为整个系统的接口，允许不同本子之间的随意组合和整体收纳。该系列目前已完成的有可移贴本、草图本、名片本、便签本、名片收藏本、文件夹和光盘套，这些均可被收纳入存档文件夹"豆荚"中，或按照使用者的需要进行组合。

无论是案艺术空间还是"豆荚"系列内的实体和规则，都可以根据使用者的爱好无限地扩大，或无限地缩小。甚至于在固定的空间里面，每一处的小摆设，也可以选择不断地叠加，或者缩减。这种"已完成的半成品"，不仅为人们展现了更为开放多变的设计思路，更是提出了新的环保生态理念。END

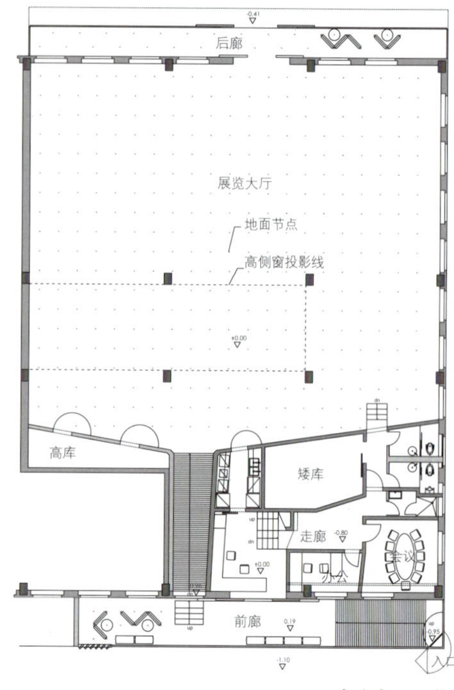

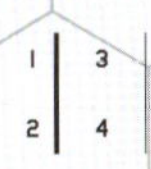

1 艺术实验室的前身是20世纪50年代的仓库

2 平面图

3 “已完成的半成品”是设计师对该建筑空间设计理念的全新诠释与定义

4 地面与顶棚上的连接口，使得整个空间充满无限的可能性

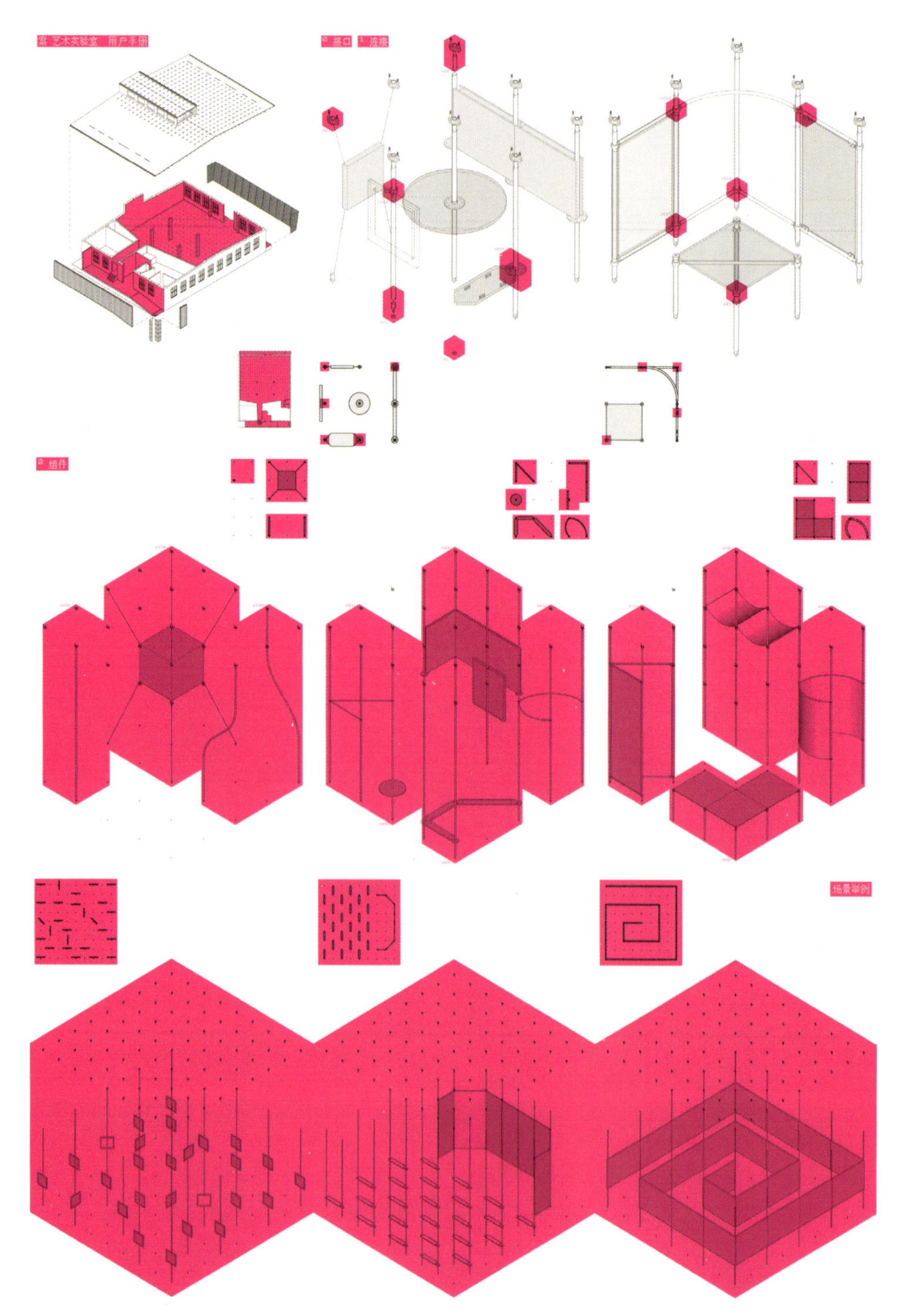

1	3
2	4　5

1　各部分组件及排列规则示意图
2　各连接构件技术详图
3　各种不同高度的金属杆与配套构件可满足灵活多变的使用需要
4　金属杆件可用于固定艺术品
5　弧形的展幕围合成了流动的展示空间

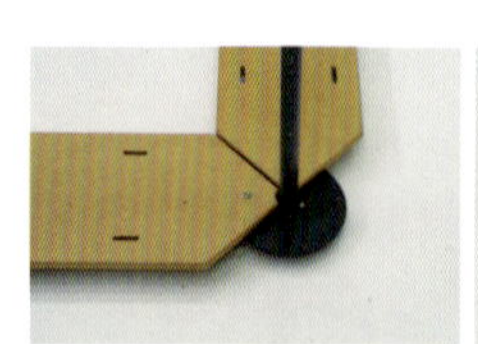

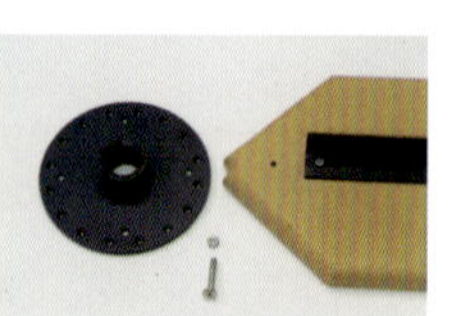

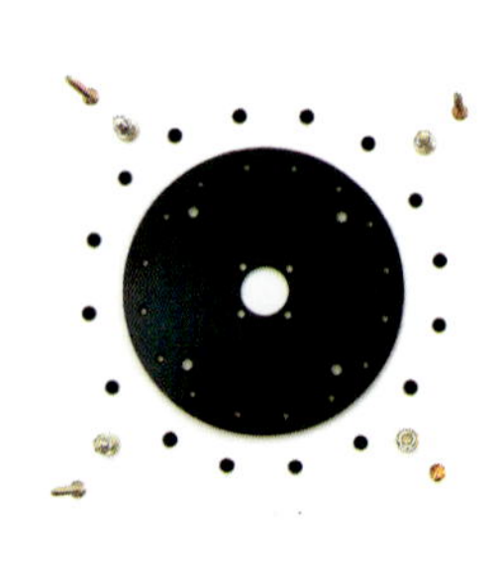

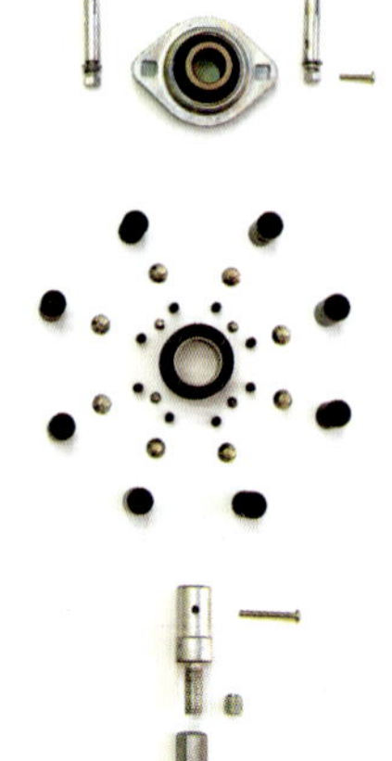

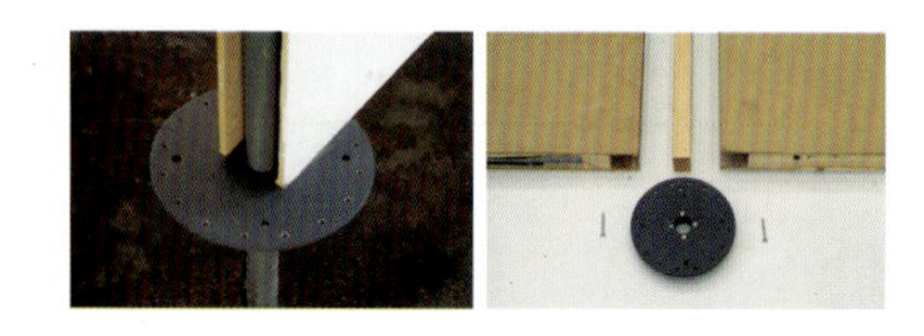

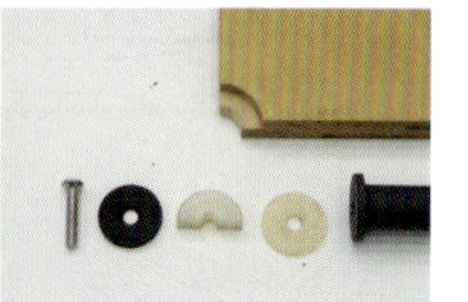

2131 顶接口
213.1 地接口.+纵杆
1m
01 地接

1 在金属杆的帮助下，空间的营造变得更加随心所欲
2 独特的照片“丛林”
3 布满圆孔的桌面是为烧瓶状的酒杯量身定做的
4 几何形的木板在构件的支撑下，巧妙地变化成了具有实用价值的“桌椅、板凳”
5 “在玩平面构成”的展示台
6 “豆荚”系列办公用品

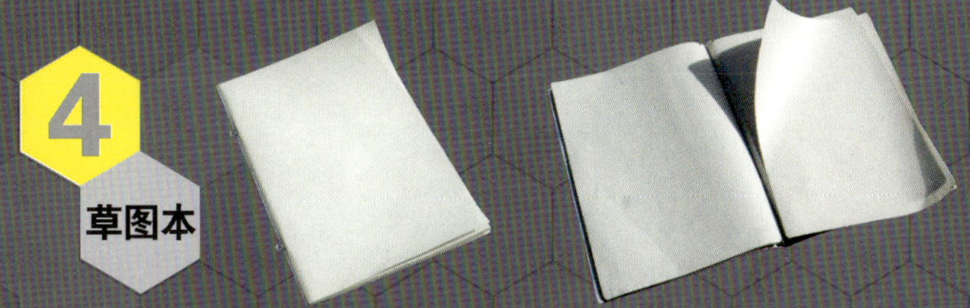

我们提供的是设计作品而不是施工产品

撰　文 | Vivian Xu
录音整理 | 李品一

HBA是一家以五星级商务酒店设计为主的资深酒店设计公司，在全球有多个办事处。近几年来，由于中国酒店业务急速扩张，HBA在上海的办事处也悄悄地由一间办公室扩大成了两间，而原本稍显空荡的办公室也热闹了起来。

此次，我们采访了在HBA上海办事处工作了近两年的设计师蒋楠，在她的讲述中，我们依稀能感受到对HBA拥有的严谨而标准的工作方式的认同以及自豪之情，从她对多个工作细节的讲述中，我们体会到了这家全球知名的酒店设计公司提供设计作品而不是施工产品的理念。

Q =《室内设计师》　**A** =蒋楠

Q 介绍一下你在HBA的工作经历吧。

A 我本来是在国企工作的，两年前来到HBA，那时候公司已经成立一年多了。虽然上海这里只是一个代表处，但是项目还是非常多，也就是说中国的市场很活跃，也为很多中国人创造了机会。刚开始的时候，与总公司以及其他办事处相比而言，我们所提供的设计服务是弱了点，主要还是以“沟通、服务、协调”为主，并没有细致地参与到设计活动中。

Q 你当时主要负责什么工作?

A 我刚来的时候并不是做设计，而我本人也更喜欢做沟通的工作，刚来的时候主要做一些设计配合工作，比如说制图，或者协助总公司设计师与其他顾问方的沟通。不过由于上海办事处的人手并不多，而公司项目也越来越多，所以只要上海这边能做，公司总是会给机会让你去试试看，所以我除了负责沟通工作外，也会做一些设计工作。

Q 上海与美国总部或者其他办事处的配合工作是怎样进行的?

A 我们现在跟美国、新加坡以及澳洲公司都有配合，因为每个项目进程不一样，所以每个项目的配合都不太一样，不过总的来说应该称得上是全程配合。譬如说，其他公司的同事如果要来中国开一些协调会的话，我们这边就会根据总部的要求整理一些文件，分析一些数据。比方说如果有新上市的室内材料，他们会来中国市场考察是否有出售以及价格等。另外，上海这边主要负责制图，而负责每个项目的主案设计师通常会来上海参与到整个设计过程中，这时候上海办事处同事就需要负责主案设计师与上海同事的协调，以及主案设计师与业主等各方面的协调。

Q 上海办事处目前参与方案设计吗?

A HBA最初的方案设计都是在国外进行，无论从工作资历还是工作年限来说，中国办事处的同事还不具备方案设计能力，一般还是以配合为主。

Q HBA主案设计师的任职要求是什么?

A 我认为一般至少要在公司任职5年以上吧，至少要在40岁以上，我们这边成立时间很短，而且也都比较年轻，所以还是以沟通协调服务为主。

Q 上海办事处这里没有主案设计师，是吗?

A 是的，在国内无论是去招聘还是接受推荐的设计师，他们与HBA总部对主案设计师的要求的差距还是蛮大的，中国设计师大多还无法达到那个标准。而且在上海办事处的工作主要是协调沟通与配合，所以对很资深的设计师来说，这反而不是一个很好的平台，因为他不能完全独立地去操作一个项目。

Q 与总部主案设计师的沟通是怎样的?

A 方案主要还是在国外完成的，主案设计师会确定好主题后，把主题扩展到整个空间，在这个阶段我们的参与是不多的，所以在方案阶段我们和设计师的沟通并不是特别多。

Q 那是在哪个环节进行较多的沟通呢?

A 在深化过程中沟通可能更多一点。从方案到深化这个过程中，可能也会有一些差距，比如说尺寸上的差距，多出来了一些管道，某处的风口到底应该怎么办等等。这个阶段我们沟通的比较多。这个部分就是我现在主要的工作，每天的邮件也好，电话也好都要去和他们沟通。很多人都会觉得这些都是小问题，但我觉得设计的严谨性就体现在这里，这也能体现HBA给客户提供的是一个设计作品而不是施工产品。

Q 上海办事处这里会做一些设计吗？

A 会有，但是项目都比较小，比如酒店其中的某一部分。但这通常是已经由主案设计师将基调和材料的匹配大致确定好了以后，我们只是在这个基础之上会做一些空间的设计，会配合一些材料来体现它原来的主题思想。主题思想的确定，上海这边是不做的。但在主题确定的情况下，给定概念、图片、框架后，上海办事处这边在这个条件下再进一步实施。这样的工作做得还是比较多的。

Q 主案设计师都会给你什么印象?

A 他们并不像我们想像中的那么张扬，那么充满个性。相反的，他们非常内敛。做酒店设计和其他设计不同之处在于设计师提供给人们的不是一个单独的区域，而是一个整体的场所。如果涉及里面有任何一个环节无法准确的话，该项目是不能被通过的，所以要求设计师也必须具有逻辑性与把握全盘的能力。

其实酒店管理公司的内部体系和HBA的管理体系都是交融在一起的。我还是强调，如果我们没有一个非常理性的团队，光靠创意的话，是无法达到今天这个水平的。这点是我觉得公司非常强的地方，从设计到实施都给予了创意以及指导，这样一个完整的体系才能给客户提供更好的服务。

Q HBA与你以前工作过的设计单位又有什么不同呢?

A 虽然一直是在做设计，但是我这个人的特性比较喜欢表达，所以从设计的过程到内部的管理我都会做。HBA给我最强烈的感觉是内部的管理体系，会对每个员工赋予非常明确的职责，而以前，我做的工作就是从项目开始到最后整个环节都必须参与。也就是说，以前我会参加项目的整个环节，现在则更注重项目的深度。

Q 对你个人来说，更喜欢哪种工作方式呢?

A 更喜欢前者。因为，每个人的性格可能不太一样。我从北京过来，北京人可能更自由、更松散一些。做一个完整的项目，自由度大一些。现在的工作比较安心，开始接手做，就不允许你有权利去说我要怎么样，你一定要把工作做好做细，要和大家配合好。一旦出漏子，可能影响的不止自己，而是整个链条。

Q 后期配合工作很琐碎?

A 对，后期的工作非常琐碎，非常累。这个累不像设计一样，开始虽然很痛苦，但是有了一个idea后，就会水到渠成了。后期配合的工作需要你去尽可能如实了解主案设计师的设计意图，而这个过程更注重的不是创造力而是执行能力。

我觉得设计就是这样，在创意阶段的时候，你肯定是非常感性的。但你要真正完成一个很大的作品时，就必须要很理性，因为这里面有太多的功能性还有规范性，除此之外还有项目的顾问方、管理公司要去参与提出他们的一些意见和要求。甚至我们要去帮助这些公司完成或者达到他们的要求，这就要求你不得不理性。在这个过程中比的不是创意了，而是你如何能把这些解决好。

Q 如何看待这些工作方式的差异?

A HBA是个大型设计公司，将不同办事处赋予不同的责任，各自发挥不同的特长应该会有助于公司的管理。如果上海办事处这里请了一个很出色的设计师，但对设计师而言，他可能更想去美国，毕竟在美国总部有一百多人，设计团队非常强大，无论平台还是交流都会有更好的氛围，我想这就是公司不在上海花费很大力气培养设计团队的原因，毕竟这样的成本非常高。

Q 施工现场是如何配合的?

A 施工现场我们还是要配合的，上海办事处这边分成两个办公室，我们这边是负责设计深化工作的，另外一边的办公室是偏重于市场以及项目的协调，即除了设计以外，项目在实施过程中或者在前期的一些协调工作。由于施工现场的配合成本很高，所以我们会找更熟悉施工现场的技术人员来配合我们。他可能专门专注于施工，如果把我们派到施工现场，可能起到的作用没有他们大，而且我们自己手上的工作都要耽误掉了。当然如果出现了问题，我们还是要去的。不过不是长期在工地的，一般是一周一次或者两周一次，这些在合同里都有具体规定。

Q 可以举些例子介绍一下你们的现场配合工作吗?

A 酒店接待大堂在设计上应该非常有特色，而且会给客人一个非常醒目的主体性，体现酒店的定位。这时候，设计师必须赋予酒店大堂一些非常强烈的元素，也许是接待台，也许是主楼梯，也许是背景墙面。但这样的设计必须与建筑的格局能够吻合。在不改动结构的基础下，建筑的某些空间我们是可以做调整的，比如说楼梯，对酒店大堂来说，楼梯可以作为装饰的重点，我们可以考虑在并没有楼梯的空间加设楼梯，或者考虑楼梯的位置，这样客人无论从交通的功能性上，还是场景感上都会达到很好的效果。

如果空间本来就是挑空的状态，我们可以适当地增加一些元素。但在增加之前我们要看看地下室的形式和负荷。如果不是挑空的状态下，我们可以考虑把楼板切开。这些空间关系如果能在土建开工之前就能确定下来的话，对以后的设计是非常有益的。

Q 总结一下HBA在设计上与国内其他设计公司相比的不同之处吧。

A 我认为在设计上，国内事务所和HBA相比还是有很大差距的，这点无论从教育上还是行业规范上都有着明显差异。有些人可能认为我的观点以偏概全了，但就以出图标准来说，HBA每个项目的图纸都可以用来做范本。由于设计单位资质的问题，HBA负责的项目都是进行到设计阶段，施工图都不是由我们来出。但是我们的图纸拿出来是完全达到施工图的标准的。除了少量的构造和一些工艺的做法没有办法交代外，其他细节都标注得非常清楚，我认为这就是设计的严谨性。HBA很讲究流程，它的控制手段非常强，拥有很完善的体系，所以不达标的图纸出现的概率很小。END

耒阳市毛坪村浙商希望小学
MAOPINGCUN VILLAGE SCHOOL, HUNAN

撰　文 | 王路、卢健松
摄　影 | 王路、卢健松

地　点	湖南省耒阳县毛坪村
捐　助	湖南省浙江商会
设　计	壹方建筑 / 清华大学建筑学院王路工作室
施　工	毛坪村村民谭满成、谭其成、谭树成、谭树武、谭国奇等
竣　工	2007 年 12 月
用地面积	5273m²
总建筑面积	1168m²
设计团队	王路、卢健松、黄怀海、郑小东

1 南立面
2 村里所剩不多的老青砖，用来做铺地

一

2006年7月19日，“碧利斯”台风引发的暴雨与山洪摧毁了毛坪小学的校舍。湖南省浙江商会于2006年7月29日紧急筹资50万人民币，用于新建小学。包含场地平整、操场设施、课桌黑板、校服等一系列开支。小学总建筑面积1168m^2，实际土建（含室内粉刷）成本30万元，每平方米合人民币300元。

2006年8月5日，我们工作室开始踏勘现场，义务参与到毛坪浙商希望小学的设计工作中。2007年12月8日，历时一年零四个月，我们在毛坪村和当地的村民一起，为孩子们建成了这所小学。

耒阳位于湖南南部，是东汉造纸术发明人蔡伦的故乡。毛坪村是位于耒阳南侧30km的一个小山村，民风淳朴。村子四周，田野丘陵环绕，村落民居以祠堂为中心，沿着山形地势绵延展开。随着经济的发展，城市化的推进，毛坪村也和广大的中国农村一样发生着巨大的变化。

当地民居普遍采用坡屋顶、南外廊，是对当地气候的应答。民居主要采用土、木、砖、瓦、石等材料，而砖是村里建筑的基本材料。村里的砖主要分为两种：老房子是青砖，尺寸较大；新房子用红砖，尺寸较小。砌法也不同，青砖通常错缝平砌，红砖则砌成18cm厚的墙。红砖砌筑所形成的表皮肌理，是构成村落景观的特征要素。近年来，随着交通的改善，村民生活水平的提高，民居样式也在改变，出现了大量独栋楼房，材料的使用更多样，使毛坪村也呈现出一种新旧混杂、缺乏秩序的当代中国乡村的典型景观。传统聚落的空间结构正受到当代生活的严峻挑战。

二

我们的设计从了解村民的生活和解读当地民居开始。当地的经验蕴含了解决当地设计问题的答案，是我们探索新建筑表达形式的基础，但不能是那种带着“乡愁”情怀对传统形式的挪用与拼凑。我们尝试以一种现代主义者的敏感，去唤醒地方文化的基本精神，并把它与当代生活和现代技术相联系。使新的小学既能包含着对过去的记忆，延续着当地传统民居因地制宜的优秀传统，在呈现本土特征的同时，又能以开放的胸襟去营建一个具时代精神和文化真实感的新的场所，去拓展地方文化的价值观念，并体现希望小学这种特定建筑类型的人文性格。

小学基地在毛坪村东北的一块坡地上。两层的校舍立在一块嵌入基地的台地上。建筑的体形、剖面、材料、色彩与当地的民居基本同构，山墙尺度与周边民居基本一致。东西向通过对应教室办公、楼梯间的小天井划分，使一栋统一的建筑像是一组民居的集合。为了控制造价，适应当地施工工艺，砖仍然是建筑的主要材料。小红砖用来砌筑建筑，与周边民居更好的对话，存留不多的大青砖用来铺砌道路广场。

砖砌的北立面，有几处镂空的砖砌花格墙，其做法来源于当地民居。当地民居中，为了减轻自重、保证通风，常采用这种镂空砖墙的砌法。这里最大的一堵花格墙位于门厅北侧，外面的风景被象素化，成为门厅唯一的“装饰”。

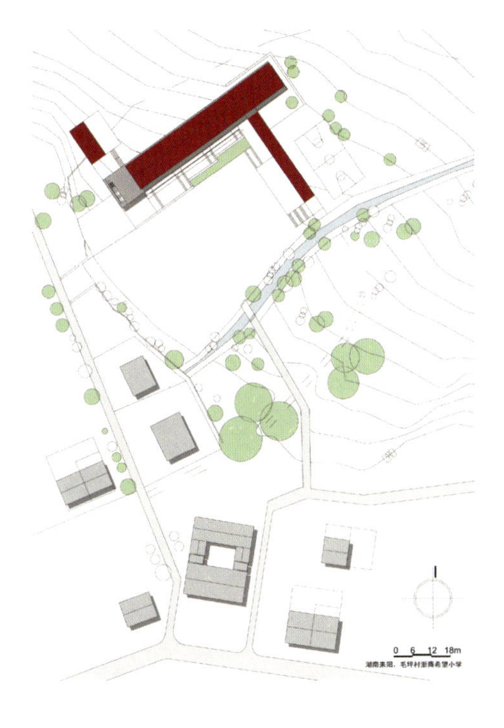

木格栅的南立面，同样借鉴了当地建筑的语言，同时使建筑获得了一定的象征意义。像展开的简牍长卷一样，使小学的建筑获得了一个有些书卷气的立面。二楼的走廊也因此与众不同：向外望去，风景仿佛置身于一片树林之后，建筑不单是一栋房子了，还是一个小朋友可以进入的玩具，光影交织，留下童年在毛坪生活的特殊记忆。

三

对建筑地方性的关注，既是毛坪村浙商希望小学建设的一种文化选择，也是一种建造必然。造价的限制，使我们思考如何经济、有效地来完成小学的建设。需要尽可能的使用地方材料、简单的结构等，使当地的村民可以参与建造。

村民按照自己的生活经验建造，他们不习惯读图。设计师虽然图纸画得很细致，但所有的事情必须在现场中解决。建造过程不是按照蓝本的有序推进，而成为一段充满惊奇与挑战的旅程。

建造过程中，现场条件不断在变。如小学还没有建成，紧邻基地就建成了两栋村民的住房。原有的校舍基座和布局等就要改变。村里提供的测绘图也不准，与实际情况出入很大，尤其场地的标高。建筑、围墙和操场的定位，也只能直接在现场放线确认，无法按图纸的预期实施。场地排水与道路节点的做法，也是如此。

即使反复调研获得了大量的现场知识，设计本身还是不能充分反应现实。如屋顶构造措施、屋架的处理方式、立面木格栅的悬挂方法等都是在实践中结合地方的经验，在与村民的不断讨论和协助下得以实现。

在施工前期，设计人员与参与建造的村民不能很好沟通。设计人员依靠文字和图纸表达；村民们习惯按照自己的经验施工，识图却不读图。过梁浇注时，梁头没按图纸所示那样藏住。楼梯间施工时，整个楼梯都浇反了，只能按照施工的结果修改原来的设计。但随着建造的推进，彼此的交流成为一种良性的互动，也反映出地方的智慧。

参与建造过程的设计实践，基于当地材料、构筑工艺、观念，保证了在有限的条件下有效地建造。尽管由当地村民建造，但技术本身并不是问题。参与建造的村民也有在城市工地上得到过锻炼的能工巧匠，施工设备的简陋也可以通过一些替代的办法解决，主要挑战还是来自观念上的差异。建设中问题主要集中在材料的交接处，或形体的转折处。应该通过更加清晰的计划，更加合理的工艺和构造措施对完善这些部位的施工加以控制。

四

为小孩子建造学习场所的过程，本身也一次难得学习的经历。场所之中，不但蕴含了需要解决的种种冲突和矛盾，也蕴含了解决矛盾的方法。谦虚地对待场地，深入地研读基地，向场地学习，向地方经验和村民学习，使我们有很多收获。

经济发展、交通改善、人口流动增加，城市与乡村成为一个越来越紧密的整体。教育，承载了共同发展的希望。在这样的前提下，如何盖好一座乡村小学，需要我们思考更多的问题。小学是一个特别的场所，孩子在这里学习知识，接受最初的正规教育。学校因此不仅要坚固实用，而且要充满想像；乡村的希望小学则更加特别，和城市里的学校又不一样。毛坪村浙商希望小学是一所低造价的、结合基地，应用地方材料，由村民参与建造的乡村小学，不但具有本土性格和人文内涵，更富有时代精神。它的设计实践是我们为贫困地区建造，在传承中创新的一次探索。END

1 二楼，光影交织的内廊
2 总平面图
3 南立面细节
4 从木隔栅里面向外看
5 二楼，光影变幻的外廊

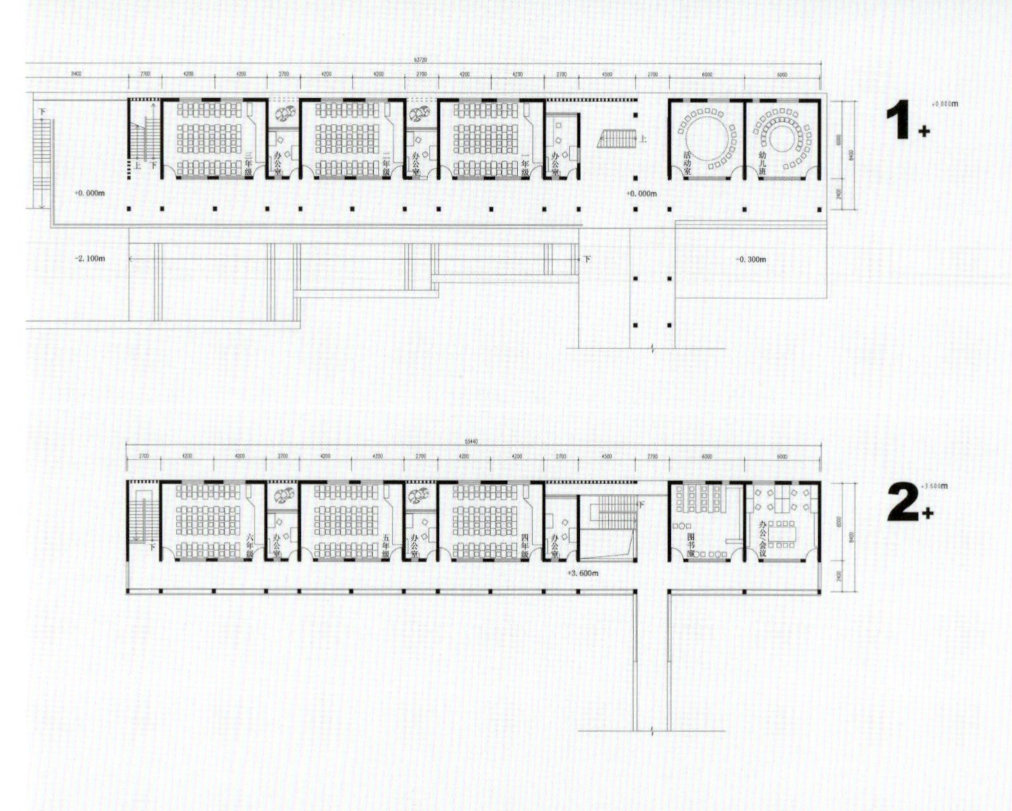

I 教工办公室后面的小天井
2 一楼，教室外面的南外廊
3 平面图
4 立面图
5 南立面
6 一楼的连廊

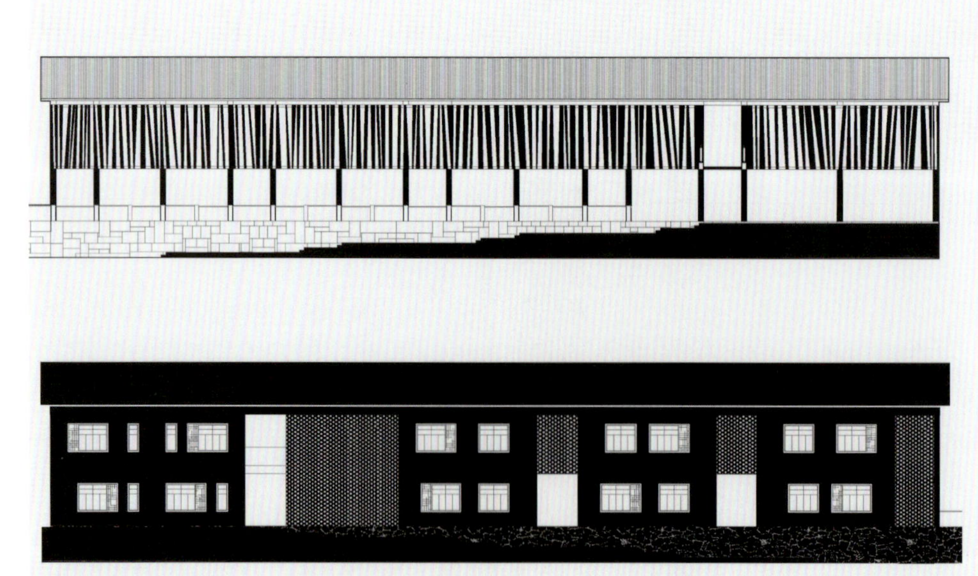

1 北立面
2 山墙
3 剖面图

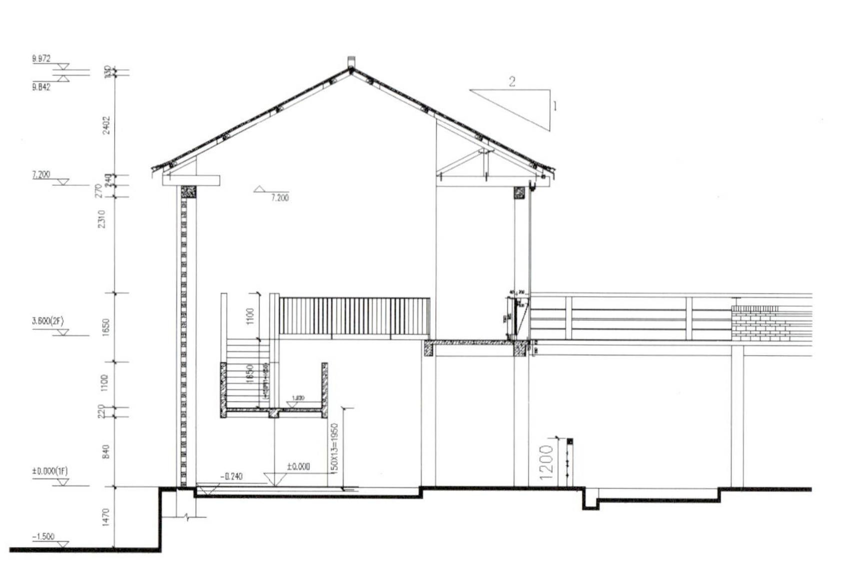

灵动与穿越

M50创意园区接待中心改造设计

撰　文 | 李曜
摄　影 | 吕永中

项目名称	M50 创意园区接待中心
完成时间	2008 年 5 月
面　积	302m²（其中室内面积为 192m²，屋顶花园面积为 110m²）
主持设计师	吕永中
设计团队	唯品设计
工程造价	人民币 18 万

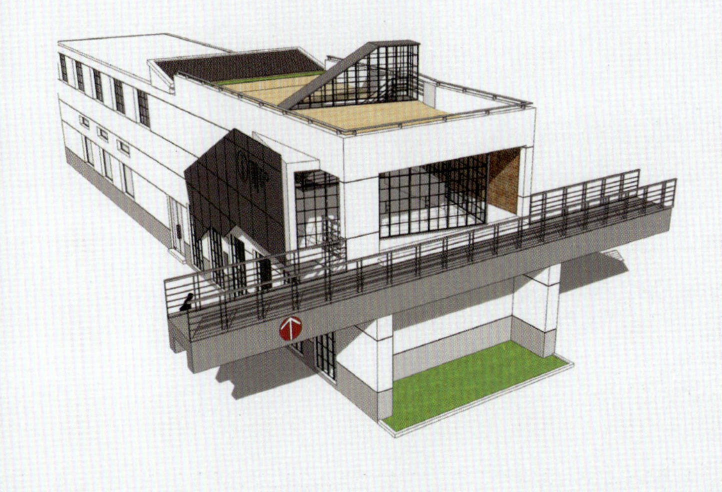

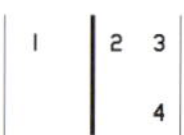

1 二层综合接待区及天桥
2 基地平面示意图
3 整体结构示意图
4 二层综合接待区

M50 创意园区位于上海苏州河畔的莫干山路。这里曾经是车水马龙的纺纱织布工业区的核心之一，建于不同时期的厂房仓库在此林立。如今，具有几十年历史的莫干山路 50 号厂区，整合为新兴的 M50 创意园区。

园区的接待中心作为一个交流的空间，通常情况下比较适合选址在园区的主入口附近，以便更好地起到引导接待的作用。由于某种客观原因 M50 接待中心的选址不得不定为园区广场入口边的二楼空房。

因此，在一个空间布局较为原生态的创意园区内，既要考虑接待中心和整体环境的协调，又能凸显接待中心的主导位置，设计面临的挑战在于：

1. 如何组织引导人流进入位于二楼的接待中心，从而发挥接待空间的功能；

2. 面对入口广场位置的二楼接待中心，如何处理与广场及园区周边环境的关系；

3. 接待中心室内外改造的原则是如协调与 M50 创意园区自身特色的关系。

设计之初，设计师着重分析研究了园区的空间布局。不同时期不同的建造的过程没有太多人为规划的的僵硬痕迹。园区内部的各个建筑的体量，空间疏密关系以及风格、尺度上也不尽相同，呈现出一种自然生长的空间脉络，错落有致中透出相互呼应的关系。园区空间布局所呈现出来的这一原生态形式，既是 M50 的空间特色，也成为了设计师设计理念的主要来源之一。

首先，针对二楼综合接待区空间，设计师将建筑本身具有的两层界面——砖砌墙体与铁框架玻璃窗立面分离开来，原有的方形玻璃盒子空间沿着水平方向朝着园区主入口扭转了少许，加强了接待中心主体建筑的导向作用，同时因为这一扭转产出了一些新的小空间。在室内部分设计师运用了空间整合的手法，通过天桥、连廊等形式将所有相对零碎的小空间重新组织安排，达到一种整体、舒展而丰富的效果。通过视觉上引导设计，组织人流进入位于二楼的接待大厅。接待中心西侧的主入口的上方设有一块大型铁丝网板墙面，网板上印有醒目的 M50 创意园区的标志。铁丝网板的底部形状是从低到高逐级抬升，这一高低变化实际上与室内的一层及二层楼梯高度变化相互对应，起到了暗示及指引的作用。

由于接待中心在选址上存在一定客观条件的限制，园区入口广场周围的建筑已在不同时期先后被出租，无论是希望在广场一楼重新修建接待中心，或者是在现有建筑（位于二楼）的外侧增建楼梯的方案都会破坏入口广场的完整。对此，设计师的原则是既要显示出接待中心的在园区入口的主导作用，又要保持与园区入口广场的整体氛围和谐共生。

二楼的接待中心的设计核心就在于扭转的玻璃盒子。 通过盒子移位所起到的导视作用，人们可以轻松随着指示方向走向一楼西侧的入口，再由此上到二楼综合接待区。接待中心正对广场的立面在保持自身整体协调的同时，也和广场周边的环境保持了统一。水泥外墙面与透明玻璃产生了材质对比，视觉上也让扭转的玻璃盒子显得更为通透，感觉上更象是一个崭新的躯体正渐渐生成，有化蝶出壳的意味，让接待中心在朴实稳重之中有多了几分轻盈和灵气。同时由于盒子的扭转使二楼才有了足够的

接待中心入口
旋转
入口广场
M50主入口
基地平面示意图

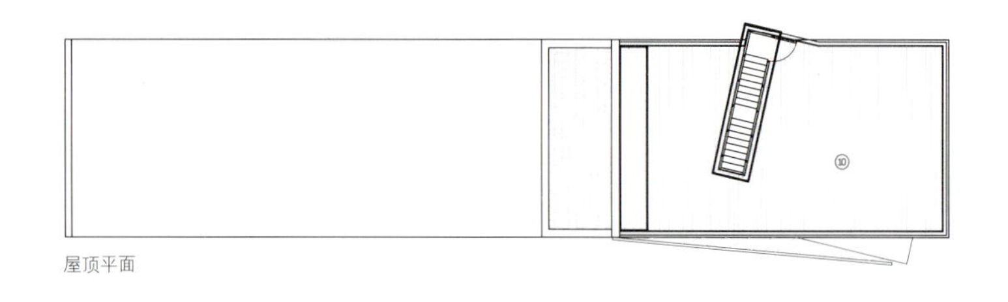
屋顶平面

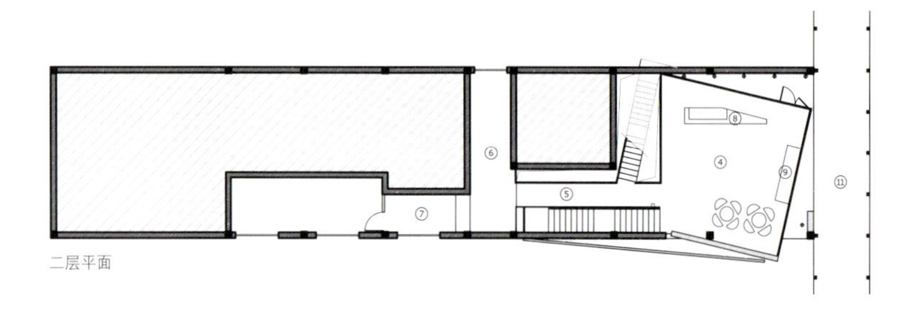
二层平面

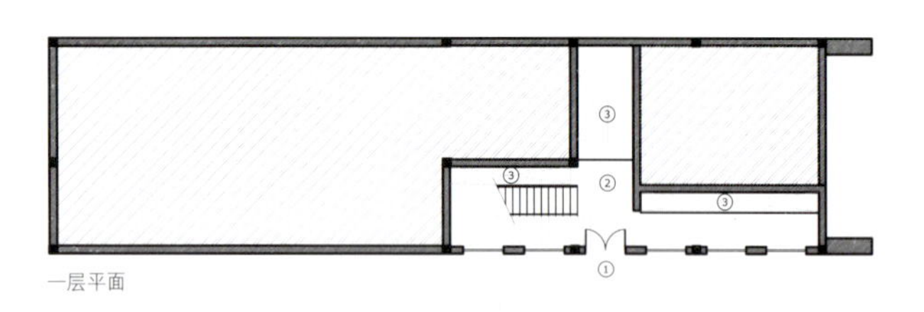
一层平面

① 一层入口
② 一层玄关
③ 原电器设备展示区
④ 二层接待大厅
⑤ 天桥
⑥ 展示廊
⑦ 办公室
⑧ 接待处
⑨ 展示架
⑩ 屋顶花园
⑪ 二层广场天桥

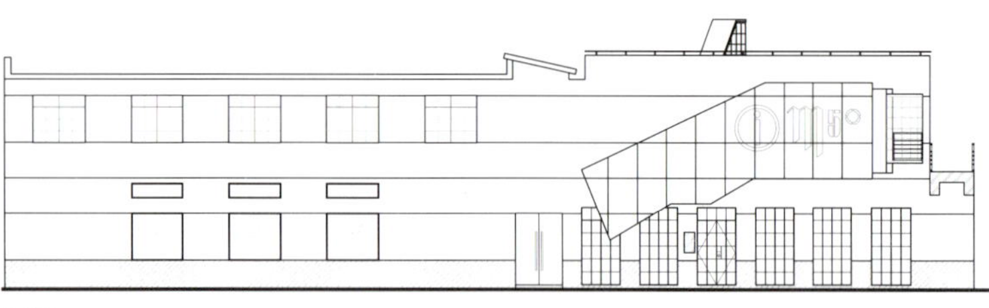
西立面

空间用以设置楼梯，可以让人上至三楼的屋顶平台。穿过透明的玻璃楼梯间来到露天平台，M50 创意园区入口广场尽收眼底。地面木质格栅地板和绿色草坪的布置，加上几套优雅户外咖啡桌椅，使三楼屋顶为园区内部交流聚会活动提供一个最佳的景观平台。

而第三个问题则把设计推向更深的思考——除了空间布局上合理的组织和安排，应如何处理并体现园区内部的特征？

设计师发现了接待中心建筑西侧的一层保留着当年的配电机房。机房内部整齐地排布着各式各样的电器控制设备，时过境迁，大多电器控制设备已不再使用，只是静静地放置在建筑之中。为此，设计师把接待中心主入口移至配电机房，透过外立面的落地玻璃窗，让人感觉到淡淡的工业历史气息。从主入口进入后是序厅，用玻璃隔断隔离并保护原有的配电设备，提供了各种电器设备的基本信息和介绍以供参观者来解读。序厅的左手侧是通往二层综合接待区的楼梯，所有的楼梯及天桥扶手的设计，想法来源于配电机房所独有的电器设备防护网。提取这一个性鲜明的元素后，将两层防护网先扭转再重叠的手法，使单层的“十”字网格变成更为丰富的“米”字形，这样不但满足了楼梯防护的基本要求又使得整个楼梯在视觉上更为显著。整个接待中心的楼梯及通道宛如一条穿越时空的传输带，将人们先带回过去再引到现在，从一楼传至二楼输至三楼。如此一来，作为当年的标志性的配电机房完好地保留着 M50 园区的历史记忆，同时焕发出新的特质和活力。

在整个接待中心改造设计中，值得一提的是特别设计的指示系统。整个系统以介绍历史背景为主线，分布在多个领域，有清晰的位置指示、功能说明及历史介绍等等。所有文字及区位之间都有流线穿梭于空间之中，放慢参观者的脚步，增添了更多徜徉的乐趣。

每当夜幕降临，园区内结束了一天的忙碌，广场周围的灯光开始慢慢暗了下来。接待中心通透的灯光，如同张开的眼眸，静静注视着广场周边的一切。三楼屋顶花园的玻璃顶棚，好似一盏明亮的灯塔穿越了过去，面向未来，变成了一个含蓄灵动的舞台。END

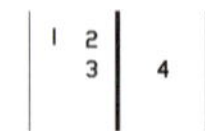

1 平面图和立面图
2 一层门厅至二层接待区连接通道
3 楼梯扶手细部
4 一楼电器机房及楼梯间

电源分路开关
Branch switch
ELLISON
电源分路开关
Branch switch
ELLISON

如果你是夜晚来到三亚悦榕庄，
那么你来对了。

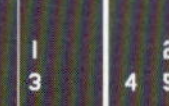

1 在酒店的大堂廊道看远处日落，气势恢宏、变化万千
2 大堂建筑群夜景
3-4 夜色中的户外泳池和休闲区
5 夕阳下的大堂吧，凉庭和帷幔增加了空间层次

三亚悦榕庄：拥抱自然
BANYAN TREE SANYA RESORT & SPA, HAINAN

撰　文 | 西西
摄　影 | 禾水

项目名称	三亚悦榕庄
地　　点	海南省三亚市鹿岭路6号
设　　计	Architrave Design and Planning Pte Ltd.

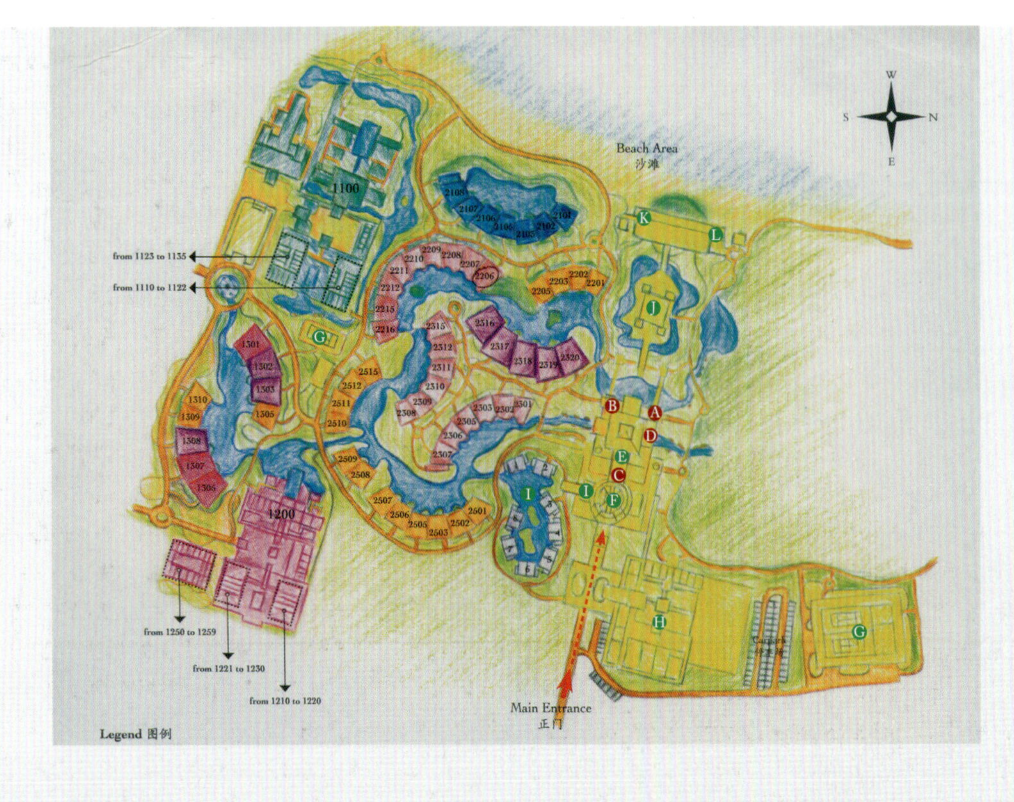

餐饮设施

- A 明月全日餐厅（底层）
- B 泰国风味餐厅（底层）
- C 包房（底层）
- D 天涯海角（大堂酒吧）

设施

- E 悦榕阁（底层）
- F 大堂
- G 网球场
- H 会议中心
- I 健身房 /SPA（底层）
- J 游泳池
- K 泳池吧
- L 卫生间 / 淋浴室

1 3
2 4 5 6

1 一层是餐厅，二层是大堂吧，当夜幕降临，一切都是那么安静
2 总平面
3 餐厅部分开放，采用自然的材料
4 餐厅整面墙上唯一的装饰就是木质窗格
5 灰色砖墙之间的水景
6 花格门框间的绿色画面

三亚悦榕庄是悦榕集团继丽江悦榕庄、仁安悦榕庄之后在中国推出的第三家度假酒店，位于三亚鹿回头湾。设计秉承了悦榕集团一贯的遁世理念，为度假者营造了一个宁静私密、远离尘世的个人空间。

酒店入口很低调，连个牌子也没有找到；接待厅很简洁，两端各有服务台，中间几个沙发供客人休息。大堂部分共上下两层，上层是入口、接待和大堂吧，下层是中餐厅和泰国风味餐厅。站在二楼大堂廊道俯视整个酒店，气势轩昂，相当震撼！整个酒店的别墅群一览无余，红色的屋面掩映在绿化之中。大堂建筑呈“回”字型平面，严格对称，中间有内院水景。远眺正前方是酒店的公共游泳池和户外休闲区域，椰树凉亭，再远处是酒店的私有沙滩和大海。落台上的凉亭和帷幔，增加了空间的层次感，这里是看日落的最好场所。

1 SPA房围绕一座花园式的人工湖而建
2 3 泡澡在半室外，放下竹帘就是自己的私密空间
4 淋浴间也可望见外面的风景

悦榕SPA是悦榕设施的特色之一，有很多客人来悦榕庄的目的就是做SPA。而三亚悦榕庄才是第一次全面引进悦榕的水疗与SPA产品。而它独具特色的SPA环境设计也为此增色了不少。8座豪华套房里的16间SPA护疗房面临一座花园式的人工湖而建，每个房间有独立的门出入。套房内除了蒸汽淋浴间、护理双人床，还有户外浴缸、花雨喷雾疗程室、泰式按摩房以及yoga理疗房，结合芳香油、草药、香料等亚洲传统疗法与五行灵感启发，形成非常独特的悦榕体验。而大型水疗设施将雨淋浴廊、瑞士喷射浴、热泡浴、SPA喷射池、土耳其Hammam、冰喷泉与桑拿等水疗过程相结合，练就了悦榕SPA豪华的东方泉浴。

1 卧室尊贵、典雅，两面巨大的落地玻璃，一面通向泳池，一面通向庭院

2 豪华泳池别墅平面

3 豪华泳池别墅夜景

4 卫生间直通户外荷花池中的浴缸

5 泉浴泳池别墅二层是面向大海的室外按摩区

6 泉浴泳池别墅外立面

度假村由21栋泳池别墅、16栋豪华泳池别墅、7栋泉浴泳池别墅、5栋双卧室泳池别墅、3栋三卧室泳池别墅，以及2处华丽的总统别墅区组成。由于基地比较平坦，不容易看到远处的海，所以设计师设计了大量的水系。别墅自然散落在郁郁葱葱的热带植物丛中，人工的水系环绕别墅群，使别墅与别墅之间有了距离。水边的植物茂密，仿佛一道道屏障，使每个别墅有了属于各自的私密空间。

走进朴实的别墅入口，迎面而来的是一个亚热带风格的庭院，有属于自己的私人泳池，泳池可以从庭院进入，也可以打开卧室的门，直接从卧室出入。进入家门，右侧是卧室，左侧是卫生间。卧室因袭了悦榕庄一贯的设计风格，庄重、高贵。卧室有两面落地玻璃，一面通向庭院，一面通向泳池。躺在床上，可以拥有外面的阳光、蓝天、绿树，可以欣赏池里戏水者的身影。卫生间有两个面对面的洗脸盆，镜面的应用扩大了空间。浴室是开放的，浴盆设在室外迷人的荷花池中。在露天泡澡，可仰望天空悉数星星，放飞自己的心愿。

各类别墅的设计风格基本一致，只是在平面布局和设施运用上有些不同，适合不同度假者的不同需求。例如泉浴泳池别墅有上下两层，二层是面向大海的室外按摩区，配有双人按摩床和休闲椅。

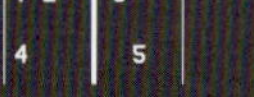

1 总统别墅前是 300m^2 的游泳池
2 传统风格的门把手
3 精致的细部设计
4 卧室一角
5 白色纱缦为具有中国传统风格的总统卧室增添了一份灵动和浪漫

总统别墅区占地100亩（约66000m²），包括总统别墅、副总统别墅和随从人员别墅，有独立的出入口。总统别墅建筑群轴线对称，有私人花园，超大游泳池面向大海。每处总统别墅各配备两间大床主卧室和四间相邻双人床次卧室；别墅内还包括总统接待室、总统就餐室、家人用房、剧场、游戏室、泉浴室、健身房、超过300m²的游泳池、室外沉降式凉亭及温热按摩池。

别墅共两层，一层为公共活动区域，二层中央是一个公共的起居室，总统和总统夫人的卧室分别位于起居室的两侧。总统卧室采用冷色调，而夫人卧室则采用暖色调。围绕床的白色纱幔可以随性开合，随海风吹拂而舞动飘扬，频添了一份灵动和浪漫。总统卧室的一侧有独立的书房可供工作，夫人卧室的一侧则是一个小小的梳妆台。卫生间位于卧室的后面，中间有宽大的衣帽间。傍晚时分，在宽大的阳台上可看夕阳西下，看缤纷的晚霞……

三亚悦榕庄，一个属于自然、属于自己的度假天国。END

南京国品温泉会所
GUOPIN SPA CLUB, NANJING

撰　文 | 姜湘岳
摄　影 | 陈乙

地　点 | 南京中山陵明陵路1号
设　计 | 姜湘岳、吴海燕

想到SPA，我就会联想到天空失重状态下飘渺并且放松的感觉；想到香薰油在空气中轻松的弥漫、令人彻底放松的感觉。所以在设计立意时，我把"纯净"列为第一主题。我们希望在这里能够褪去外表的饰物，安静地享受宁静、自我的空间。

纯净的"白色"是空间的主色调，因为不要其他装饰，所以在大堂里我仅仅采用了投影的方式。在白墙上，投射出游动的红金龙，让空间有流动的感觉。一进入接待空间就能让来客强烈地感受到水，似乎我们也在水中。

进入水区，在纯净的白色空间里，中心便是一注湛蓝如海水般的水池，"蓝"与"白"是这个空间的色彩主题。

进入休息区，灯光暗了下来，光线基本以间接光为主，让来客的视觉能安静下来。墙面设计的壁灯犹如幽暗的烛台，微微散发的黄光传达一种安静的暖意。

在墙面的设计上我们通过镂空木格背后的镜，路过的人感觉像是在两道围墙内，窗棂之外还有一个透明的世界，所以原来狭小的过道，让客人觉得宽了。

进入休息间，还是安静的白。台灯的布罩都是黑的，控制着光线的散发，静静地躺一会儿疲劳感全消散了。

客人路过楼梯，可以看到由上至下悬挂着的水晶球，错落无序地吊挂着，仿佛是从水底冒出的气泡。楼梯的周围墙面，玻璃的水鸟安静地停在悬挑漂浮的玻璃上，充分让人感受到安静的氛围。END

1-2　外立面及入口，纯净而简洁
3　镂空木格背后的镜面，使狭小的过道变得宽了

1		5
2		6
3	4	7 8

1 温泉泡池

2-4 平面图

5 接待处也同样简洁、纯净

6-8 楼梯间悬挂的水晶球似水底冒出的气泡，玻璃小鸟安静地停在玻璃架上

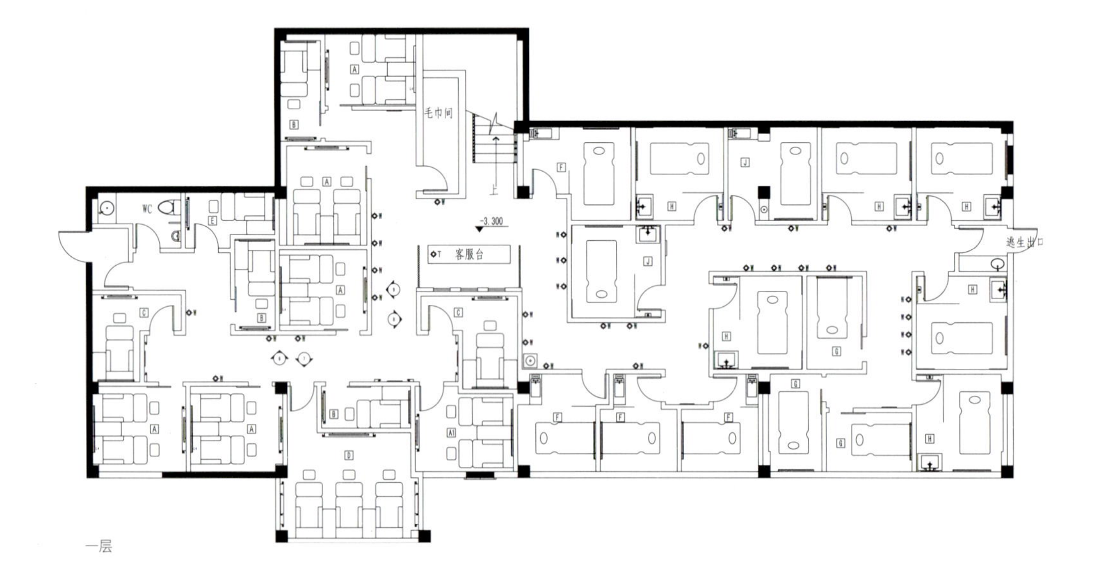

一层

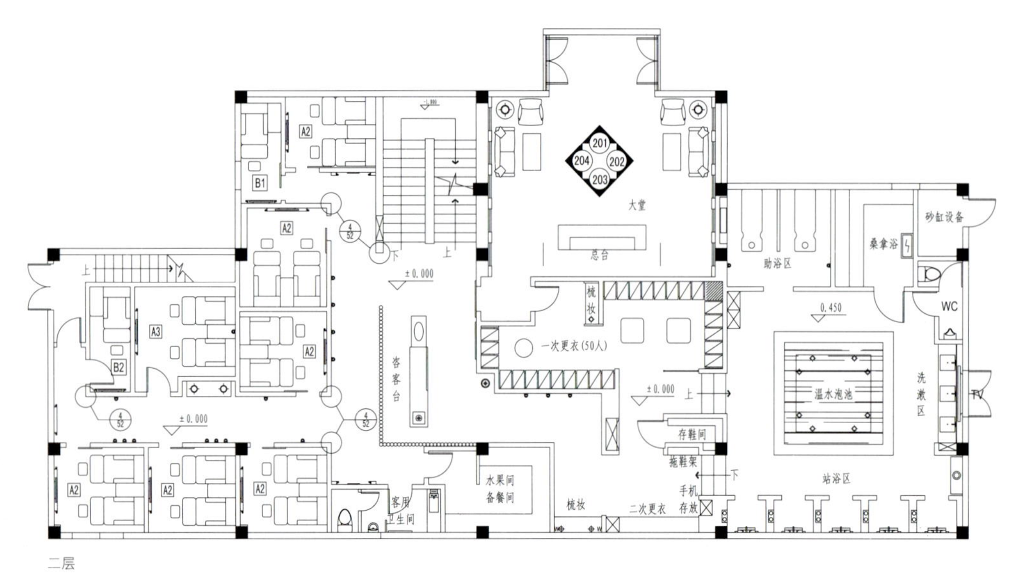

二层

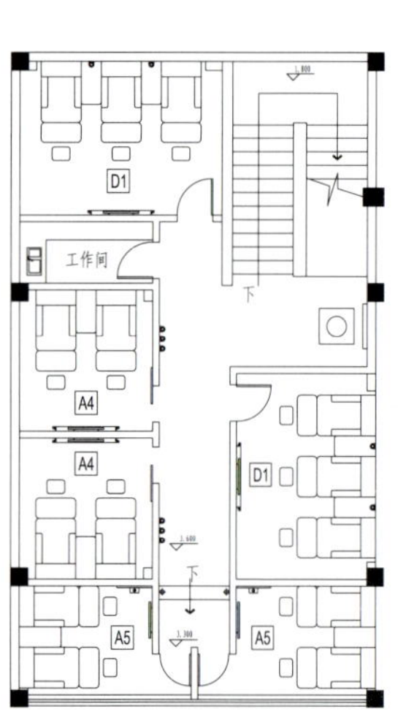

三层

1 | 2 | 3

1 按摩间，镜面使空间变得生动有趣。灯光微暗，很宁静
2 更衣室的镜面扩大了空间
3 入口处接待处，顶棚的处理打破了空间的呆板，白墙上投射的金龙鱼让空间流动起来

万科体验中心
VANKE EXPERIENCE CENTER

撰　文 | 孟岩
摄　影 | 杨超英、陈旧

项目名称	万科体验中心
地　　点	深圳福田区梅林路63号
设　　计	Urbsanus 都市实践
项 目 组	孟岩 | 涂江、邓丹、李晖
面　　积	2600m^2
设计时间	2006年
竣工时间	2006年

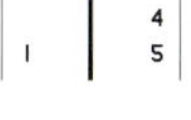

1 室内局部透视
2 建筑物西侧看向室内
3 建筑物主入口看向室内
4 总平面
5 剖面图

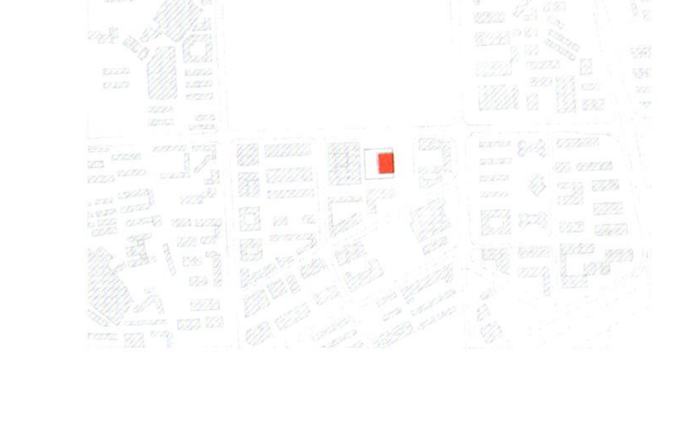

位于深圳市福田区梅林路63号的万科建筑研究中心，东侧展厅3层通高，面积逾1500m²。这种大厅堂设计是当前的普遍设计趋势，虽然气派，但也空洞。万科体验中心是用具有使用的"体验性"和展示的"趣味性"的展示空间和设施，对这种空洞加以填充。

万科体验中心项目是万科生活研究设计组的"产品测试基地"，用于测试设计组所研发的创新产品的使用状态。同时，它也将为万科的研发部门与客户提供一个交流和"共同完成设计"的场所。

考虑到作为一家房地产公司的研究成果的展场，万科体验中心展现在人们眼前的形象应该是充满活力和想像力的。因此，采用了与冰冷刚直的线状建筑相对照的手法，以柔和的曲面来塑造空间和外皮，从而改变场地的气质。

由于现有展厅外皮的透明性，万科体验中心在演绎有趣的内部空间同时，也需要对外展示特殊的形象，使之在建筑外能被读到。此概念决定了建筑流动的内部空间和生动有趣的室内展示最终截止于柔性的边界。这一边界的完整性最终通过由拉丝金属网板拼合起来的三维曲面的表皮来完成。END

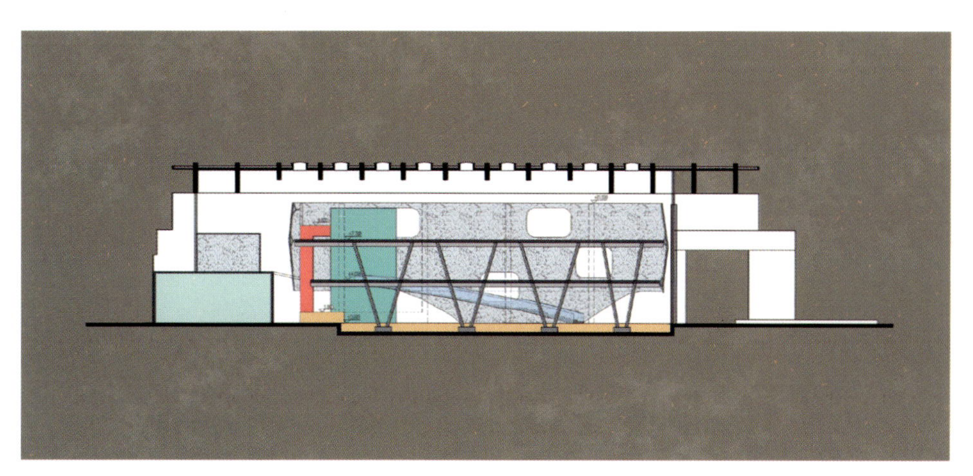

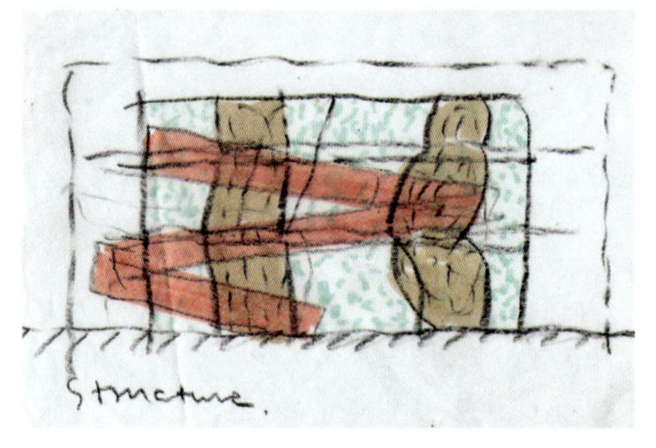

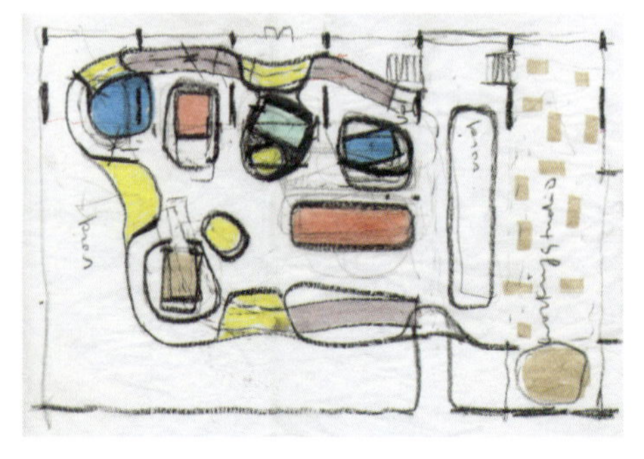

1 4 5 6 2 3 | 7 8

1-3 室内局部透视
4-6 构思草图
7-8 室内局部透视

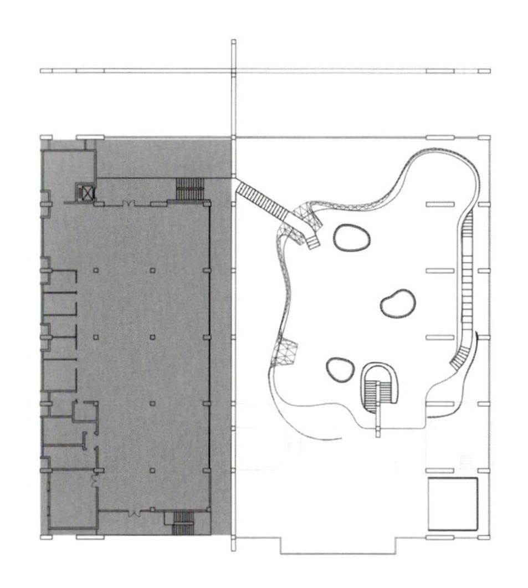

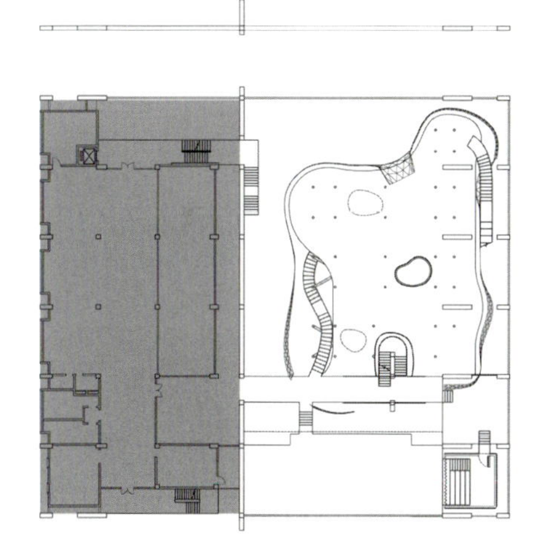

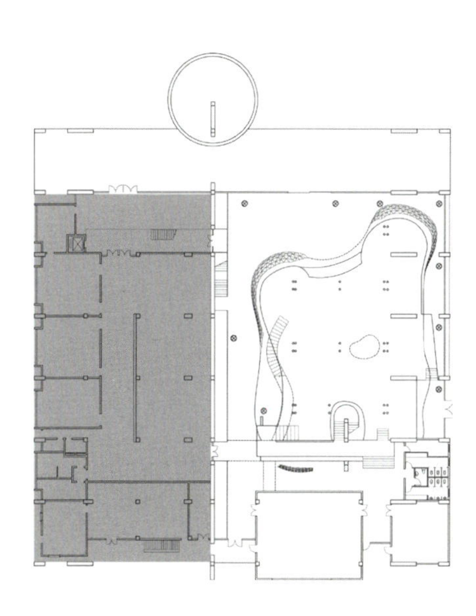

1-3 室内局部透视
4 三层平面
5 二层平面
6 一层平面

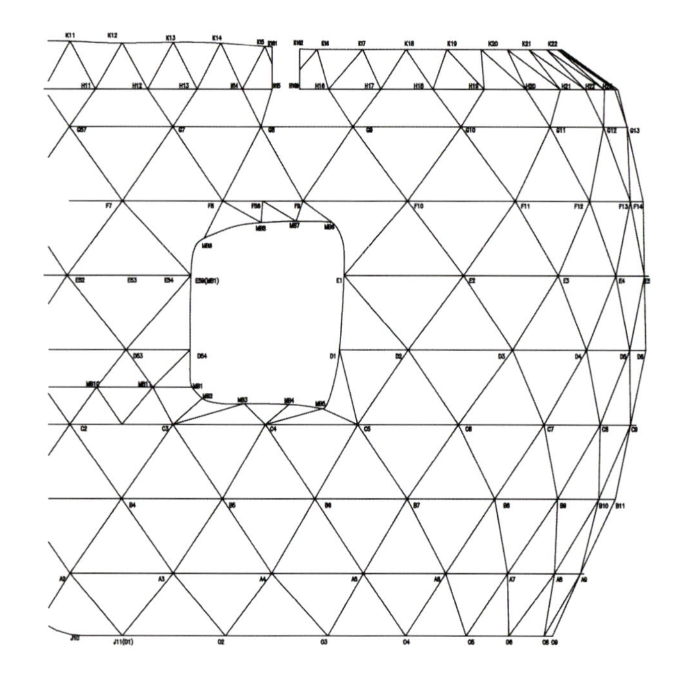

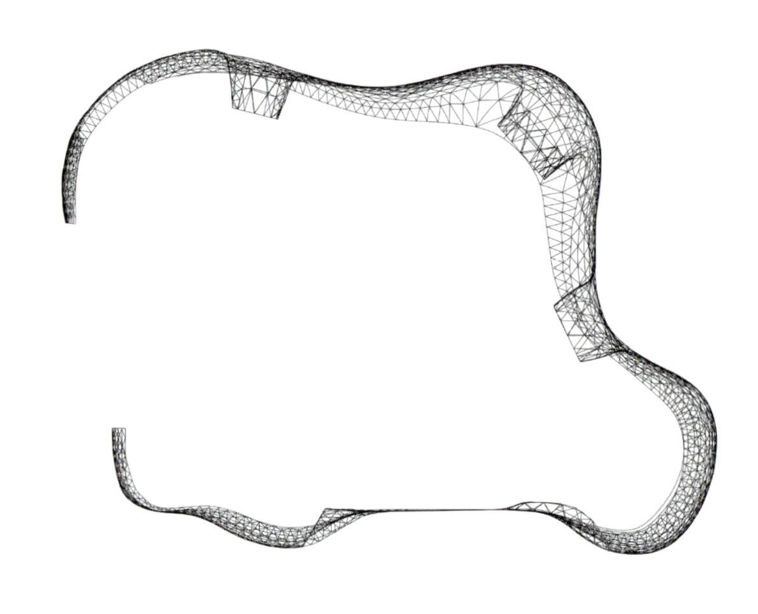

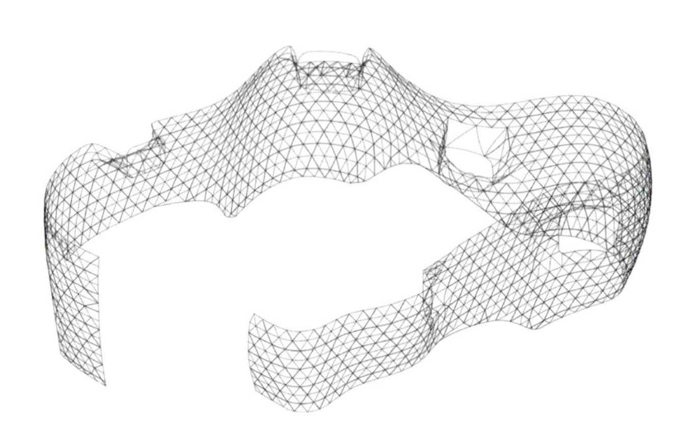

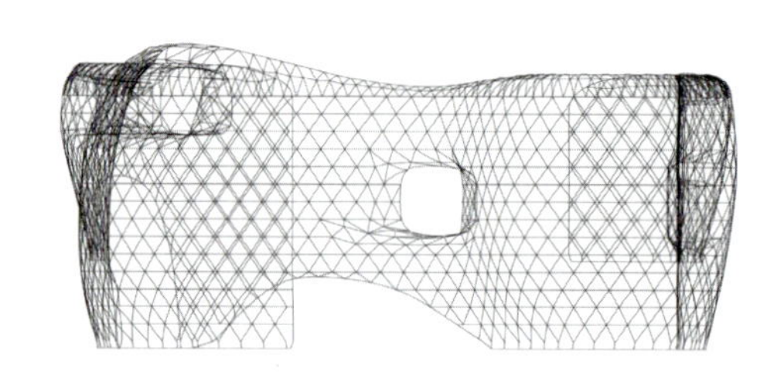

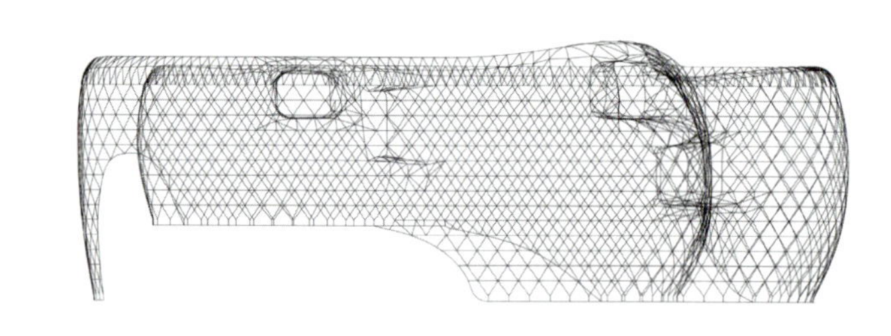

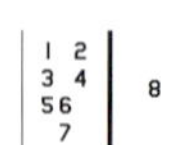

1 结构立面图
2 穿孔金属面层平面图
3 钢龙骨三维示意图
4 穿孔金属面层正立面图及侧立面图
5.8 室内局部透视
6-7 模型

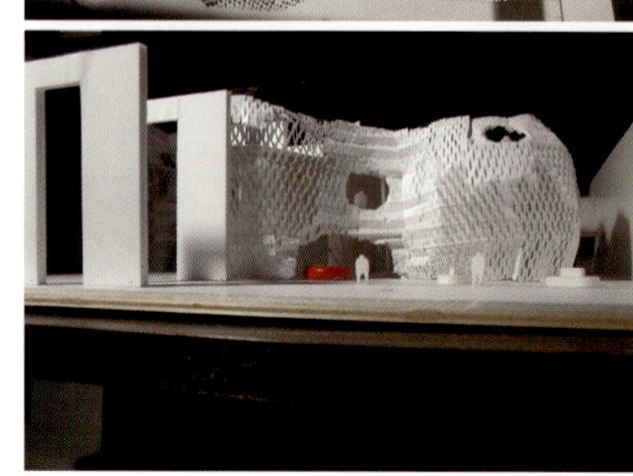

与空间的精神对话

福州世欧地产彼岸城会所

撰　文　王咏玲
摄　影　吴友长

项目名称	福州世欧地产彼岸城会所
设计面积	2100m²
设 计 师	刘卫军
设计公司	品伊创意机构 & 美国 IARI 刘卫军设计师事务所
配饰设计	品伊创意机构 & 伊 · 角色陈设艺术中心
主要材料	发光膜、艺术激光投影、人造石、实木地板、丝网玻璃、玉晶石等
荣获奖项	2007 年第十五届 APIDA 亚太区室内设计大赛会所类银奖

每一种艺术形式都是根据自己的准则诞生和存在的。室内空间设计作为一种抽象且机变的艺术形式，总是承载着持续于这个时代所具有的特征，也暗喻着人类需求的变化多端。当代社会，人们对自我价值的偏执追求，渐渐忽略并逐步脱离了人类原本存在的意义——生活的本质、心灵的归属以及精神元素的终点，衡量生命的价值也似乎可以用数字来说明。如今的室内设计作品，也往往是处于纯艺术与纯商业之间，以一种最微妙的形态存在。

“世欧 · 彼岸城”是世欧地产在福州成立后开发的第一个楼盘，媒体称其为“中心居住时代”开拓者，这是一个比较能够接受新事物的优秀团队，其首度开发的户型在62~160m^2，客户定位30~40岁。根据项目的定位及客户群体的潜在需求，我们将本项目的售楼中心定位为：时尚、简约、品位，让客户对新的生活方式产生强烈的憧憬。它既非纯艺术那么自我个性，也非商业产品般市场大众化，而是在两者基础上创造了一种引领时代的和谐统一，缔造艺术美学的实用法则。

我们将时尚新潮元素与设计相结合，将时尚、品位作为生活本质加以追崇和渲染，通过点、线、面的交集，使人们与空间产生一种精神对话，开始对生活深层的探索，激发人们对未来美好生活的向往。

设计师以简约的建筑艺术手法塑造了整体空间，强调现代建筑的艺术美感。在设计中既延伸了建筑艺术本身的风格，又增添了空间的互动性与适时的隐蔽性，如：封闭或开放的洽谈区适应了不同客户的需求。在功能分区上注重其合理性、呼应性、延续性，使视觉效果富有节奏韵律感，VIP洽谈区中的不同灯光颜色营造不同的意境氛围，不但提升了空间的进深层次，回归空间的和谐与统一，给人明朗、动感、优雅的视觉空间效果，同时应用光、声、影营造了温馨舒畅的环境氛围。设计师还特别注重材料的运用与设计造型相辅相承，如发光膜、吊链、艺术激光投影、人造石、实木地板、丝网玻璃、光纤水晶吊灯、玉晶石等，配以合理比例尺度构成的室内建筑形态，具有简约、大气的现代艺术美感，从而营造出一种超现实的时尚动感空间。设计师通过这一表现手法，启发并挖掘身处空间中的人们对高层次生活的憧憬与向往。

不可否认，空间在某种程度上，决定着我们的思维和行动。设计师将感知注入设计中，设计又将其赋予空间，空间激发使用者——精神上的力量与创造，这就是本案设计意图的源泉动力。END

1 | 23

1　曲线给空间增添了区委，同时也分隔了空间
2　隔断采取不同的材质，增加了空间的趣味性
3　相对独立的洽谈空间

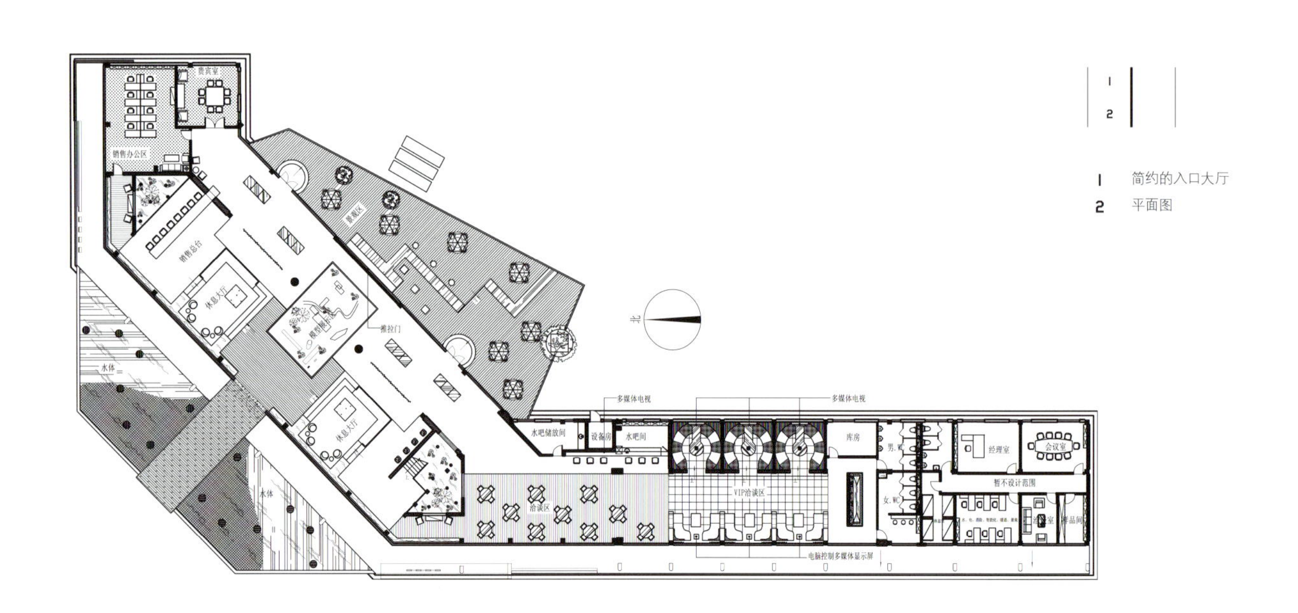

1 简约的入口大厅

2 平面图

动感激情
超锐体育用品公司

撰　文　王粤砾、李鸣明
摄　影　陈乙

项目名称　超锐体育用品发展有限公司
设　　计　内建筑设计事务所
面　　积　650m²
设计时间　2007年6月

超锐体育用品发展有限公司从事着国际知名运动品牌“Kappa”和“Rukka”的特许经营，在它的办公空间中，运动是一种发展的状态，也是一种创新的精神。设计师姚路透过灵动开放的布局及明快的色彩搭配，使空间具有活泼生动的场域气质，契合着企业运动品牌代理的行业特点。

设计极力营造具有动感的空间体验，突出活力亲切的空间氛围。入口接待区即以意大利的国旗颜色红、绿、白的色彩搭配呼应公司代理的“Kappa”品牌。异形的螺旋造型形成半包围的等待区域，跃动的线条配合温暖的红色立刻让空间变得鲜活而富有冲击力，使客户在进入公司的第一时间就能直观而深切地感受超锐的热情与品牌认知程度。

主办公区采用开放格局，斜向布置的办公桌椅打破规矩的四方平面，扭转了办公空间的刻板印象。考虑到发展的弹性需要与团队精神的发挥，空间内也没有惯常的隔断设置，而是以悬挂式屏风按团队部门规划使用空间。阳光的橙和灵性的蓝两色新型亚克力板如同旗帜般自上空垂下，顶部的滑轨让它们可以方便地按需要移动变化，不断适应瞬息万变的环境，拓展出空间变化的无限可能。变化带来乐趣，时而开启、时而闭合的空间游戏，让群体空间不再枯燥乏味，也为个体的创意发挥提供了自由的典范示例。

大小会议室、总经理室等要求相对密闭的空间沿走道右侧错位参差排布，以白色的圆角盒体呈现，柔和的线条消解了立方空间的坚硬与凌厉。盒体当然绝不会是压抑的全封闭型，两面以弧线连接的玻璃墙面保持了空间通透性，再分别用橙色、蓝色、绿色为主基调的丝网印刷薄膜为玻璃覆面，除了可以清楚明晰地标识出的各自包含的不同功能外，也是走道一侧亮丽的风景。盒体内顶棚、地面和墙面都以竹胶板饰面，给人以整体感和一体性，亲切的质感也营造出轻松舒适的空间氛围。

在超锐的办公空间中行进，是一次有着丰富层次的空间体验。大环境里的小空间再造，开敞与封闭的随意调度，紧凑与舒缓的疏密变化，色彩的相互映衬与表达，这些结合在一起造就了令人难忘的整体。在这里可以分明地感受到节奏的脉搏，动感的魅力正点燃着加入运动的激情。END

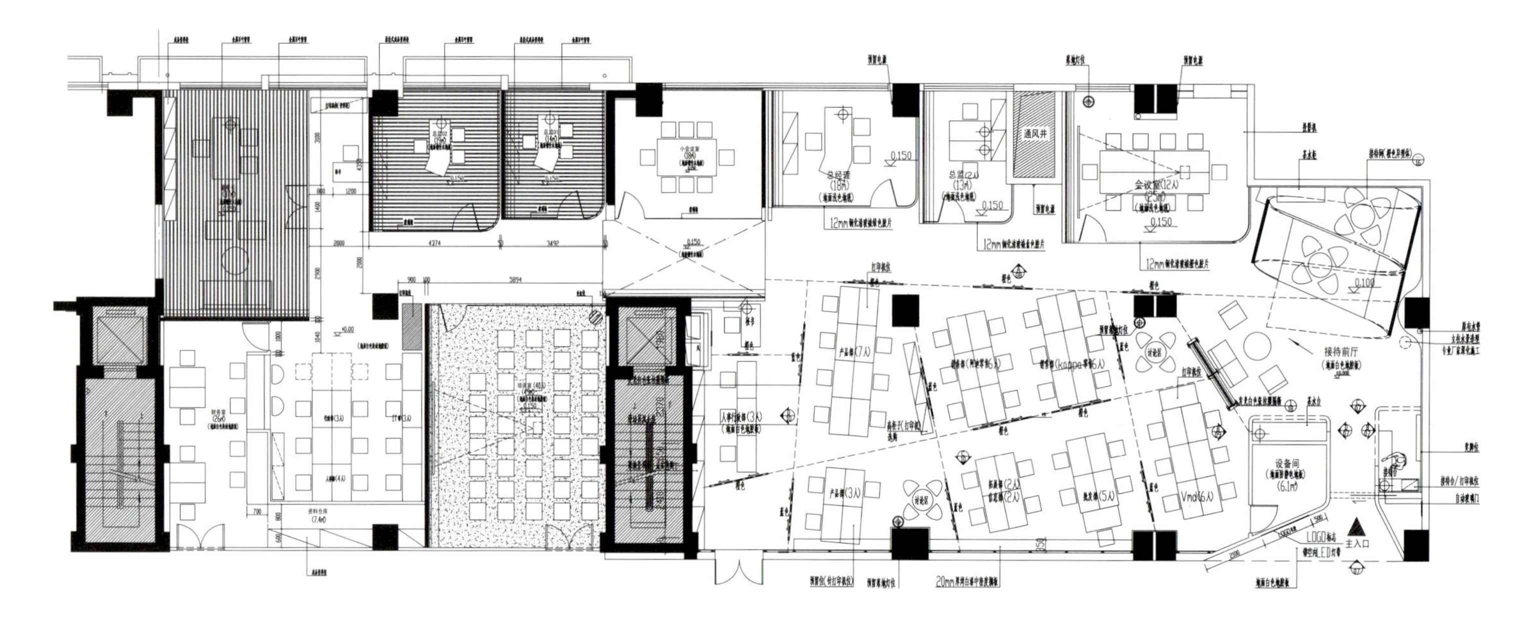

| 1 2 | 3 |

1 平面图

2 丝网印刷薄膜覆盖玻璃，标明各自不同功能，同时也是走道一侧亮丽的风景

3 空间体验是丰富、多层次的

DELL

纯白的时尚空间

万恩佑事务所办公室

撰　文｜源博雅
摄　影｜Vicco Wu

项目名称｜万恩佑事务所办公室
地　点｜上海市黄陂南路751号
设　计｜万恩佑事务所

1-2　这是个有趣的办公室，玲珑而有致，成对的座椅成为办公室常有的风景线

3　与其他办公室不同，这里的空间上下有致，员工仿佛坐在"土坑"内办公

4　空间像是连接在一起的多个T台，走到员工的办公区域就需要在平台上走动，这些平台区域上还放置了许多台球桌和吧台供人们娱乐用

Vinyl Group（万恩佑）的办公室紧邻新天地，坐落在一个老仓库的五楼，面积约为600m²。经过设计，这个陈旧的老仓库厂房成功转型成为一个白色的时尚工作室。

在人们的印象中，办公室总是大同小异的：一排排的桌子和椅子加上电脑。Vinyl Group想要证明，只需运用一点创意，就会带给人们全新的观感。

进入这个有趣的办公室，工作平面位于公用平面以下，构成玲珑有致的空间，让人有如"钻"入这间办公室。设计灵感从何而来呢？原来，Vinyl Group从西安的著名景点秦始皇兵马俑中汲取了灵感：兵马俑被放置于土坑中，游客们步行在平台上方参观。将土坑和平台运用于这600m²大的地方，别具创意的办公室就这样诞生了。

员工坐在"土坑"内办公，平台则作为办公桌。如果要走到员工办公的区域，就需要在平台上走动。而所有的电脑和办公器材都是和平台处在同一的高度。在办公室的头尾两处，另有一些私人的办公区域，有磨砂玻璃做的移门与外界隔开。

Vinyl的办公室取纯白色泽，设计师Berwin表示，"白色是一种非常纯粹和柔和的颜色，在办公室中使用白色同时也代表了一种中立性。它能够让我们长时间工作并且能够放松眼睛。在办公室举办各类活动时通过投影仪能够和不同颜色制造出另类的艺术效果"。整个办公室可分为三个区域：灰色的"土坑"区可作为办公之用；白色的平台区，有台球桌和吧台供人们娱乐之用；中间的区域则可放置各种物件。

"从技术的层面来看，为了使整体更具层次感，从地上建起一层焦渣水泥砖为材料的结构。焦渣水泥砖由8cm厚的木板覆盖，外面涂上白色油漆。土坑和旁边的阶梯则涂以灰色的水泥地坪漆。储藏区位于地层和平台层的中间，白色移门之后。等候区处的所有沙发和座位都是Vinyl Group特别设计，量身订做的。"

最终呈现的办公室，给人感觉阡陌纵横、四通八达，犹如迷宫一般。"事实上，这个空间更像是连接在一起的多个T型台，这样做的目的是为了（举办活动时）让模特可以在时装秀上自由地穿行，我们可是时尚的领导者！"

Vinyl Group总是相信，工作应该是有趣的。所以如果你曾拜访过，一定是被音乐迎接着，招待以吧台处的饮料，并邀请一起玩一局台球。END

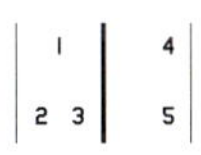

1 所有的电脑和办公器材与T台都是处于同一平面
2 办公桌很有趣，从地上建起一层焦渣水泥砖为材料的结构，外面由8cm厚的木板覆盖，外面涂上白色油漆
3 在办公室的头尾两处，另有一些私人办公区域以磨砂玻璃做的移门与外界隔开
4 整个空间令人感觉阡陌纵横、四通八达，犹如迷宫
5 平面图

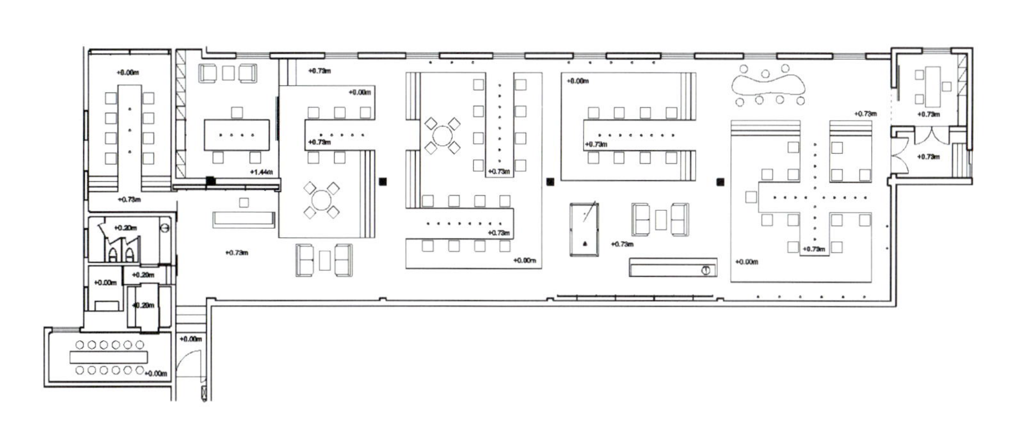

红色魅惑

KLUBBROUGE酒吧

撰　文 | Vivian Xu
摄　影 | Butterfly

项目名称 | KLUBBROUGE 酒吧
地　　点 | 中国北京朝阳区工体东路中国红街 3 号楼
设　　计 | Imaad Rahmouni
竣工时间 | 2008 年 6 月

由法国著名酒吧及主题酒店设计师 Imaad Rahmouni 一手打造的 KLUBBROUGE 酒吧于近日在北京红街揭开神秘面纱，其性感与魅惑的风格宛如一朵水墨红色鸢尾花。透过 270° 环绕视野，500m 无遮挡景观空间，城市十万绿树与四万水波景观在醺然的视线中幽雅呈现，让 Imaad Rahmouni 将所有的冲动与激情化作“性感”，缔造出别样的空间。“性感是最令人无法抗拒的，它让 KLUBBROUGE 充满着永恒持久的生命力，让来过的人不愿意离开，让没有来过的人充满期待。”这是 Imaad Rahmouni 的设计初衷。

暗红透紫的墙体，彰显着设计师的宣泄和大胆，这种浓郁的法国红恰到好处地压住了性感中的一丝浮躁，让人甚至愿意释放出心灵深处的不安。由 Imaad Rahmouni 设计，意大利著名品牌 Andromeda 为 KLUBBROUGE 量身定制的全球独一无二的酒红色水晶灯瀑布是大师联手创作的奇迹，也是 KLUBBROUGE 的灵魂之作。它的灵感来源于香槟中饱满的气泡，浓浓的红色释放出无比的性感，将流光溢彩的斑斓魅幻淋漓尽致地倾泻在独一无二的 20m 长吧台上，水晶灯排列成四排，让整个环境充满迷幻和妩媚。

KLUBBROUGE 的 6 根灯柱为著名时尚摄影师陈曼之作，极具东方特色的模特在充满法国情调的性感中彰显着神秘与妩媚。大胆前卫的艺术作品映射在 6 根巨型圆柱之上，将时间停滞在亦真亦幻的隐喻中。所有倾慕于红色暧昧之中的人都会赞叹模特惊艳的造型：性感的纹身仿若是妖冶疯狂的化身；鲜红的蜡烛油与店内摇曳的红色蜡烛交相呼应，红色鸡尾酒杯特制的高跟鞋，将艺术与性感之美渗透到每个人的内心深处。

站在黑色流苏装饰的大落地窗前看北京的夜景，可以说这里是漂浮在暧昧和迷醉中的幽谧岛屿，也可以说这里是摇曳在通透红艳的钢筋森林中的悠然憩地，却都不妨碍它演绎着特殊的性感哲学，那便是在放纵的快感中交织令人沉醉的梦境。END

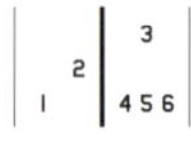

1　大胆前卫的艺术饰品映衬在空间中最具有特色的巨型圆柱上
2　片片羽毛点缀了迷人的室内空间
3　酒吧拥有 270° 环绕视野，拥有无数的景观
4-6　暗红透紫的墙体彰显着设计师的宣泄和大胆，酒红色的水晶灯成为空间中的点睛之笔

24小时简易自救抗震棚设计建造实验

2008 同济大学建筑与城市规划学院建造节纪实

撰 文 | 张建龙、戚广平、赵巍岩

同济大学建筑与城市规划学院的“设计基础”在教学结构上形成了“设计基础”、“建筑设计基础”、“建筑生成设计”、“建筑设计”4个学期阶段。其中，在第二个“建筑设计基础”阶段，我们着重强调的是实践性教学，在教学内容上将学生的学习重点放在材料与形态、结构与形态、光与空间的关系上，在教学方法上以教学中的问题点来组织系统训练、注重学生通过实验把握建筑空间与形态的本体意义，形成由“理论教学、设计训练和设计表达”三个部分有机组成的适应建筑学、城市规划、景观学和历史建筑保护工程等专业的“设计基础”公共平台。

在“建筑设计基础”教学中，为了让学生认识、掌握建筑的真实意义，在各种建筑现象面前把握设计基础教学的基本方向，达到基础训练的基本要求，我们提出“先受而后识”的教学理念，以建筑本质的问题为教学核心，形成了强调实践性、研究型的训练教学方法。“24小时建造实验”既是“建筑设计基础”课程设计训练中的一个单元性实验题目，同时又是建筑与城市规划学院每年都要进行的固定建造节活动。

一、建造实验背景

1、教学背景

1.1 教学思想

近现代中国画家石涛（1641~1719年）提出：“受与识，先受而后识也，识然后受，非受也”。“受”是指接受感受之意，“识”指认识理解之意。在我们的建筑设计基础教学中，学生门经常沉涌于空间与形态的探讨中，这种基于纯粹视觉形象的争论离开建筑原本的使用功能及基本技术要求越来越远，与人体尺度真实对应的空间也只是留于二维平面的表达。于是，我们希望通过回归建筑本质要素的基础课程训练来改变这一状况，“纸板建筑建造实验”应运而生。在教学过程中强调感受、尊视感受，以感性认识为基础、促进理性认识的深层把握。学生在建造实验中熟悉材料，掌握材料的特性，发现结构方式、建造方式的问题，现场提出解决问题的方案，及时修正建造计划。建造完成后，学生要在自己设计建造的纸板建筑中进行4小时的公共交流活动，之后还有8小时的居住、寝卧体验。这样，学生就能真正体验建筑最基本的要求，从而建立起扎实的建筑知识。

1.2 教学基础

“建筑设计基础”学期阶段由3个教学单元构成：“造型方法实验”、“建构实验”、“建筑形态设计基础”。

其中“建造实验”是“建构实验”中最后一个综合性实验题目，学生在完成了“建构实验”单元中的“纸桥设计制作（解决跨度问题）”、“纸管塔设计制作（解决高度问题）”、“建构采集（掌握建造材料、结构、方式）”后开始真正设计与体验与自身生活紧密相关的综合实验。

1.3 材料的确定

我们确定建造实验的材料为瓦楞纸板。纸板材料价格低廉、容易获得（超市、商店、废品回收站），同时材料质量轻、便于运输、也易于加工，特别是通过使用金属连接件、加铆，可以提高纸板的强度、增加纸板构件的跨度。

纸板也有其弱点，但这正是需要学生加强关注的重点，即遇水、受潮后强度会急剧减弱，故学生在设计、实验、建造中须提出对应解决办法。当然，由于纸板质量较轻，即使出现坍塌亦不会让学生受到伤害，保证了教学的安全。

2、本次实验背景

2007年5月14日温家宝总理参加同济大学百年校庆典礼时，在同济大学建筑与城市规划学院发表了著名的“仰望星空”讲话，温总理说：“我们的民族是大有希望的民族。希望同学们经常地仰望天空，学会做人，学会思考，学会知识和技能，做一个关心国家命运的人。”温总理对同济学子的期望正是同济大学对大学生的培养要求。同济大学裴钢校长提出的同济学生需具备的四个方面综合

特征——“工程基础、科学知识、人文素养、社会栋梁”、“也就是要打好工科的地基，用科学武装头脑，具有创造力，同时要有悲天悯人的社会责任感，胸怀人文、人本意识”。这和建筑与城市规划学院一贯提倡 “严谨务实、缜思畅想、兼收并蓄”的学院精神完全契合。所以，“脚踏实地学知识、仰望天空会思考、关心社会爱人民”成为本次建造节选题、组织、实施的出发点。

2008 年 5 月 12 日，中国四川汶川发生了大地震，学院全体师生以各种方式投入到抗震救灾的活动中。为了让全体学生更好地建立抗震意识、培养在应急状态下的自救能力和团队合作能力，通过体验真实的建筑空间从而掌握建筑的基本要素，我们组织这次以“简易自救抗震棚设计建造实验”为题目的“建造实验”，暨 2008 同济大学建筑与城市规划学院建造节。

近年来同济大学建筑与城市规划学院的“设计基础”教学在教学结构、内容、教学方法上进行了改进和发展。我们的“建造实验”就是“设计基础”教学训练中的一个重要环节。学生在实验过程中强调感受、尊视感受，以感性认识为基础、促进理性认识的深层把握。学生通过不同的专业视角，熟悉材料、掌握材料的特性，发现材料的结构方式、建造方式中的规律。

建筑与城市规划学院在 2007 年成功组织了第一届建造节，学院创新实践基地及设计基础学科组通过该次活动积累了经验，本次建造节由学院创新实践基地策划、设计基础学科组 -A7 和艺术设计学科组 -A8 联合组织实施，为建造节的成功举行创造了条件。

二、实验要求

1、实验目的

通过建造实践，学生获得对材料性能、建造方式及过程的感性及理性认识，理解建筑的物理特性。通过在自己建造的建筑空间中进行的活动体验，初步把握建筑使用功能、人体尺度、空间形态以及建筑物理、技术等方面的基本要求。

2、参加成员

参加此次“建造实验”活动的是建筑与城市规划学院、女子学院 6 个专业共 23 个班级、约 600 名学生，共分成 46 个建造班组。

3、实验要求

3.1 实验要求

选择规定的建筑材料（包装箱纸板 / 瓦楞纸板），收集相关资料，对材料实体进行性能实验。运用建筑结构力学和建筑构造一般原理，建造一栋纸板建筑。通过该实验，学生需关注学生需关注如下方面：

材料性能方面（材料的视觉与触觉效果、物理性质、加工方法、表皮肌理）；

结构构造方面（结构稳定性、构造功能性、节点表现性）；

建筑物理方面（防雨、防潮、通风、自然光照）；

使用功能方面（集体活动时的聚合要求、寝卧体验时的睡卧尺寸要求）；

空间尺度方面（交流时段比小组成员人数多 2 人的集中活动的站、坐尺度要求、寝卧体验时段的满足小组成员人数的躺、卧尺度要求）；

面积控制标准（建议人均建筑面积标准为 $1m^2$，单体建筑面积按小组成员人数计算）。

3.2 时间安排

5 月 31 日（星期六）

10:00~18:00 现场建造：8 小时（学生建造，专业教师指导）

18:00~22:00 活动体验：4 小时（学生活动，嘉宾、评委、教师参加 / 评委测评）

22:00~06:00 居住体验：8 小时（学生体验）

6 月 01 日（星期日）

06:00~08:00 建筑测评：2 小时（教师测评）

08:00~10:00 建筑拆除：2 小时（学生拆除、清理）

3.3 技术要求

材料与建造规定：

基础部分：包装箱纸板 + 金属连接节点 / 麻绳 / 清漆 / 塑料布 / 透明封箱带

墙体部分：包装箱纸板 + 金属连接节点 / 麻绳 / 清漆

屋顶部分：包装箱纸板 + 金属连接节点 / 麻绳 / 清漆

功能空间要求：

每个纸板建筑室内能容纳小组成员 12~14 人睡觉、能进行比 14~16 人的团队活动。

3.4 安全要求

建造过程中严格按规程使用各种加工材料的工具，按安全施工流程组织现场施工环境；建造场地及建筑内部严禁使用明火，室内照明只能使用以蓄电池或干电池为电源的照明用具。

三、本次建造节实施情况

"2008 同济大学建筑与城市规划学院建造节暨简易自救抗震棚设计建造实验"于 2008 年 5 月 31 日至 6 月 1 日顺利举行。晚上 7:00，由学院各系正副系主任和学科组教授组成的评委会（10 位评委）对 47 栋建筑进行了认真评选，最后评选出 1 个金奖、2 个银奖、4 个铜奖和 12 个佳作奖。

我们保留了部分（5 栋）获奖纸板抗震棚建筑作为展示，这些作品将在它们达到抗自然风雨极限状态的时候再予以拆除，以展示它们防风、防雨、防潮的结构和构造强度。

四、作品案例分析

在总共46（若含留学生组作品，则总数为47栋）建造作品中，我们选择了其中具有代表性的8个作品进行介绍。

1、金奖作品（06建筑学3班-1组）

指导老师：张建龙、陈强、荻瑞安

该组使用的材料是瓦楞纸板、螺栓，材料对外面进行了清漆处理。

该设计建筑空间形态生成逻辑清晰、结构构造节点合理，周边带肋的三角形板成为基本结构单元（标准单元），且结构整体性好，由基本结构通过螺栓连接在横向形成拱形结构、在纵向重复延伸，作品最大限度的发挥了瓦楞纸板的材料特性，且空间可以无限制扩展。为加强基础部分的稳定作用，采用锥体箱满足结构要求外，箱体内部空间又巧妙地成为私密寝卧空间，地面防潮处理良好、建筑表面清漆处理满足防雨要求，作品建造规范、制作精良。

如将材料替换成轻质、高强度塑料等材料，可以成为供实际使用的快速抗震棚建筑。

2、银奖作品（06 建筑学 4 班 -2 组）

指导老师：戚广平、朱宇晖、华霞虹

该组使用的材料是瓦楞纸板、螺栓，材料对外面进行了覆盖膜处理。

该设计建筑空间形态生成逻辑清晰、结构构造节点合理，采用三角斜梁排架为基本结构单元（标准单元）进行重复，由于采用三角形的结构形式，横向稳定性极强，杆件通过螺栓连接，在横向形成三角形斜梁结构、在纵向重复延伸，作品空间可以无限制扩展。地面防潮处理良好、建筑表面覆盖膜处理满足防雨要求，作品建造规范、制作精良。

如将材料替换成轻质、高强度塑料等材料，可以成为供实际使用的快速抗震棚建筑。

3、银奖作品（06 城市规划 2 班 -2 组）

指导教师：郑孝正、朱晓明、徐洪涛

“折板”可以使柔软的纸张或纸板加工后提供较高承载力的方式，同时，折板也是一种较为简易的施工方式。该组选择折板作为主要结构形式正是基于这个理由。

纸板折叠后无论竖向或原平面方向都可以承受较大荷载，于是墙与顶便顺理成章均用折板，他们之间的连接靠墙顶部局部再折叠后产生接触面而完成。

墙通过折叠的内外角不同产生一个圆型空间，顶则像扇子一样打开。

方案的最难点在于扇子的柄如何成为刚性节点而使折板结构成为整体。该组设计了一个八边形的盘伸出八支悬臂梁与折板折叠后的缝隙连接。

另外，折纸的角度不确定，容易使整体刚度不强，该组设计了上下两圈梁来限定折纸角度，同时起到箍的作用，从而使整体刚度大大提升。

4、铜奖作品（06 城市规划 1 班 –1 组）

指导老师：徐甘、胡滨

该组使用的材料是纸板、螺栓和尼龙扎带。

该设计的思路取自简易抗震棚，三段式的肋拱支撑体系，结合纸板材料的自身特点，利用材料固有肌理，纸板的铺张顺应其刚度表现最好的方向。为了增强材料的防水性，在表面粘贴了透明封箱带。

该设计的另一个特点是较少地采用螺栓作为联结构件，而用更为轻质价廉的尼龙扎带代替，不仅节约成本，也加快了建造速度。

5、铜奖作品（06 建筑学 2 班 –1 组）

指导老师：章明、关平、赵群

该组使用的材料是瓦楞纸板、螺栓。

该设计建筑空间丰富、形态生成逻辑清晰，结构构造节点合理，周边带肋的三角形或多边形板成为基本结构单元（标准单元），由基本结构通过螺栓连接形成箱体空间单元，若干箱体空间围绕中间公共活动空间组合，空间公共、私密层次关系清晰，满足功能使用要求。作品的室内空气流通组织较好，结构构造制作精良，特别是屋顶屋面板连接处的扣板处理，较好地解决了防雨构造。

如将材料替换成轻质、高强度塑料等材料，可以成为供实际使用的快速抗震棚建筑。

佳作奖作品（06 建筑学 2 班 -2 组）

指导老师：章明、关平、赵群

该组使用的材料是瓦楞纸板、螺栓。

该设计建筑空间形态丰富、生成逻辑清晰、结构构造节点合理，周边带肋的等边三角形板成为基本结构单元（标准单元），空间主从关系应对使用功能使用，且结构整体性好，由基本结构通过螺栓连接在横向、纵向大结构面，空间可以在任何方向延伸，作品最大限度地发挥了瓦楞纸板的材料特性，且空间可以自由扩展。基面也是三角形结构连接，结构整体性好。作品的开窗方式有特点，窗的规格就是等边三角形板，并成为基本结构单元（标准单元），所以开窗不影响建筑整体结构。地面未抬高、建筑表面也未处理，防雨有问题，但作品建造规范、制作精良。

如将材料替换成轻质、高强度塑料等材料，可以成为供实际使用的快速抗震棚建筑。

佳作奖作品（07 历史建筑保护工程 -2 组）

指导老师：赵巍岩、李立

该组使用的材料是瓦楞纸板、螺栓，材料对外立面进行了清漆处理。

该设计建筑空间形态简洁、结构逻辑清晰、构造节点合理，建筑分成基面、墙体、屋顶三部分，空间采用“蒙古包”形式，但墙体、屋顶都采用折板结构方式，由于折板的单元是三角形板面（标准结构单元），受力传递均匀，建筑结构整体性好。结构通过螺栓连接，最大限度地发挥了瓦楞纸板的材料特性，特别是基础与墙体的一体化处理，增加了建筑的整体稳定性。利用墙体与屋顶之间的三角空隙成为采光通风口，窗口藏而不露。建筑材料表面进行了清漆处理，能较好地防雨、防潮，作品制作精良。

如将材料替换成轻质、高强度塑料等材料，可以成为供实际使用的快速抗震棚建筑。

未获奖作品（07 景观学 1 班 -2 组）

指导老师：关平、华霞虹

该组使用的材料是瓦楞纸板、螺栓，材料对外面进行了清漆处理。

该设计建筑空间形态生成逻辑清晰、结构构造节点合理，周边带肋的六角形、五角形板成为基本结构单元（标准单元），产生了最节俭的空间形式，且结构的整体性最好，由基本结构单元通过螺栓连接在空间形成球形结构，作品最大限度地发挥了瓦楞纸板的材料特性，且空间整体性好。地面防潮处理良好、建筑表面清漆处理满足了防雨要求。但由于设计中未考虑开窗，建筑室内采光通风有问题。作品建造规范、制作精良。

如将材料替换成轻质、高强度塑料等材料，增加采光通风节点，可以成为供实际使用的快速抗震棚建筑。END

建筑师，除了捐款还应该做些什么？

撰　文　|　梁井宇

也许有不少建筑师像我一样，在5月12号之前对建筑的抗震设计并不关心，因此对于相关知识了解甚少。但又像很多人，是在自己或亲人得病后才开始发奋钻研、"久病成医"的。我也和许多建筑师一样，开始大量的阅读、恶补和地震有关的房屋建设一切知识，并思考如何以一个建筑师的身份参与灾后的重建。

首先，我们要有一个公共平台，它可以容纳灾后重建所需各方资源、信息，并在此交流、协调组织行动。它应当由政府规划部门、民间和官方的建筑师、规划师、投资方、建设施工方、材料商、使用者、相关专业志愿者、国内外工程、建筑、规划专家顾问、专业媒体共同构成。目前，深圳的悦行城市发起的网站"土木再生"（博客+思想维基）http://www.retumu.com 和成都家琨工作室的汶川震后再生博客 http://wenchuan512.blogbus.com 是我所知的平台，是否可以整合成一个?

目前灾后重建的最急迫问题不是规划和设计，相反，是统一对灾后重建时间表的科学认识。据报道，目前政府所领导的规划团队计划在3个月内完成所有村镇的总体规划，并预计用3年的时间建设完成。(http://fzwb.ynet.com/article.jsp?oid=40765083）这样短的时间显然是不科学的，甚至是危险的。根据史建老师传回来的台湾921地震的经验之谈，震后的地质结构尚未稳定，半年之内都还有可能变化，在这样尚不稳定的地质条件下，连新城镇的选址都不能确定，怎能匆忙规划? 岂不是要造成新的隐患? 政府和灾民的急迫心情我们要理解，但是作为专业人士，理当将此调查举证并对公众表述清楚。

此时，建筑师、捐赠者对重建学校热情很高，但是不能忽视的是尽快促成对中小学校设计规范的检讨和重新制定。这方面美国加州和秘鲁都有成功的经验。1933年加州6.3级地震之后出台了新的建筑规范，之后迄今已75年。尽管加州地震不断，但是再也没有一个孩子在地震中死亡。秘鲁由于采用新的抗震规范，新建的学校很好地抵抗住了2007年的大地震。在资金大量集中在倒塌的学校重建的同时，我们千万不要忘记在中国的地震带上还有同样状况的大量学校建筑、民宅存在，一旦也发生地震，悲剧还会重演！对这些建筑进行结构检测和抗震加固需要大量资金和人力投入，但是正像加拿大麦吉尔大学地球及行星科学系主任John Stix说的，为抗震所进行的加固措施所花的钱远远小于震后的重建的代价。

短期内要想在全国地震带范围进行全面的建筑检测和加固也许资金时间都不允许，特别是地处边远山区的自建民宅和学校，大多是没有经过规划师建筑师选址、工程师参与的自建房屋。因此，对他们进行基础的自建房屋的培训十分重要，指导性的、非专业性的给普通人看得懂的建筑手册、图册十分重要，在这方面海外有不少现成的资料，稍加翻译和材料本地化及可以上手。这方面也需要我们建筑师努力。END

设计觉悟

撰　文　|　叶铮

记得在2003年室内设计南京年会上，一位不知名的设计师向我提出一问题，"你是否信佛练功?"　我当时一楞，答："没有。"这人又说："看你的作品有一股气……"我迷惑了……

时隔多年，不知为何缘故，在众多忘却的事件中，我却始终对当时的情景记忆犹新，看来这并非偶然……

通常，我在谈及自身的一些设计特征时，常以"理性"、"秩序"等等概念来形容，或许是天赋秉性使然的缘故，我一贯是这样走来的。

如今深感，对设计最理想的词应以"正气"、"和谐"来替之。

这又为何呢? 简言之，"理性"与"秩序"是"正气"、"和谐"的入门基础。没有"理性"与"秩序"，谈不上"正气"与"和谐"。"正气"与"和谐"乃设计核心之道，亦即"佛性"！

一个真正有益有利的空间设计，应求得空间感中的"正气"与"和谐"。如此，这样的空间即有一种"佛性"的力量和"智慧"。是一个能树人正气，开人心智，心物和谐的空间设计，是设计核心价值中的至高层次。同样也是审美层次中的理性美、诗意美、神圣美的境界。

设计中的"正气"，究竟有何特征呢? 那就是: 理性、有序、智慧、和谐、优雅、朴直、温润、有力、大气、整体、纯净等，它带给人以一种伟大的理性、平朴的诗意、崇高的感受乃至神圣的震撼。

如上特征的总汇，即具有"佛性"的空间。

正气之空间，即具佛性。"佛性"又为何物?

"佛性"即大智与大善之综合，是智善同源。而智善合一又必然给人以正气感。

所谓智，在设计中首先是一种理性思维，推崇秩序、和谐，注重设计方法及概念的提纯与表述，发现并建立新的空间抽象关系。一切在一个非常专业的平台上发展，是对设计空间中各项专题进行自律性与规律性的视觉探究与研习，是表述手法上的高超与成熟表现，它更多属技巧性的、智慧性的。

所谓善，在设计中，是指除专业智性之外的一切人文关怀与价值取向。具有风格倾向等内容特征。具体表现有：朴直、温润、纯静、有力、大气等人文品质，它同属"德"的范畴，亦是设计师各自审美倾向与风格特征的显现。

因此，在空间设计中，以"正气"为目标，即以智、善合一为途径，最终是成就"佛性"的诞生。好的设计师，以自身修养的品与智，在"有"、"无"之间向世人布施。恰如法师传道一般，让人在具体的时空环境中，感知"正觉"与"正信"。此乃作为"知识分子"的设计师理应具有的使命与关怀。

如若不以"正气"树之，即生"妖气"或"邪气"。而空间有"正气"，恰如中国传统文化中的"风水"之说。

所以，推而广之，"佛性"应成为一切具体知识学科的核心精神。如背离此精神，其学问不可取、知识不可要、学府不可信！

至此，好设计，坏设计已毋须赘言。

我也因此想起了多年前那位在年会上擦肩而过的同行"高人"，他有正觉！END

装修的话语权

撰　文 | 张晓莹

2001年，《南方周末》总第101期就提出了“她世纪”的观念，把1917年刘半农创造的“她”字提升到“第一性”的地位，2006年再次提出“女人生猛”，列举了木子美的博客和村上龙的《所有男人都是消耗品》。这类生猛的观点，终于延伸到我们的住宅设计行业。比如某行业权威杂志封面主题是“她时代的到来”，而网站论坛也在开“装修中的女性主张”主题论坛。另一本行业杂志也出了一个专栏，题目是“装修，她说了算”。感觉到“住宅设计让男人走开”之类的气息。

这些话题，也许是让我们感到了在设计和装修中女性地位的成长和变化。但我还是很怀疑“315”的存在，是因为消费者的弱势；号召学雷锋，是因为雷锋精神欠缺。

在我所了解和接触的住宅设计中，男女方观点差异是存在的，而关于话语权问题，不是非常的绝对。

比较正常的婚内的室内设计话语权里，往往形成板块的分配。空间规划是商量的，设备和功能确定却是男士为主。风格需要讨论和争执，家具是男的管大方向，女的管操作。配饰陈设软装主选权为女方。厨房卫生间阳台卧室侧重女主人，书房客厅多男主人发表意见。孩子房当然是孩子的地盘。在住宅设计上的话语态度，和婚姻相处状况大致相仿，并非“不是东风压倒西风，就是西风压倒东风”。越是恩爱的夫妻，越是商量着办。越是默契的夫妻，越会形成一种讨论规则。极端的也有：为了住宅设计的争执，吵吵闹闹反而增进了夫妻感情；而另一对吵吵闹闹，房子装成了却没有人住：离婚了。这只是导火索，可不是设计的错。

未婚的女性，对于家装话语权也存在自己的期望。不完全调查了一下身边的未婚年轻女性，大部分对家装的设计有着无穷的构想。有一类希望嫁一个有房的男人来实现这些构想。毕竟房价和猪肉一起起哄，对单身女性来说自购房也是个难题。这类女性对于家装设计的想法很多。但根据经济基础决定上层建筑的观点，嫁了有房的男人，家装的事该谁说了算，主要看男方的态度。另一类单身女性相对有经济实力的希望通过自己购房，可以满足自己的家装话语权。

当问到爱情和自购房谁更重要，她们认为有自己的房，爱情也许更容易。我在“可乐生活的故事”博客里读到一段文字：“《欲望城市》里夏洛特坚决地认为买了房的女人嫁不出去。果然，她是唯一嫁不出去的人。买了房的女人少了很多选择，那些没房的男人，那些房子小的男人可能都望而却步了。而这些女人也会想，如果你比我还差，我为什么还要跟你在一起呢？房子，在男人那里成了一种征服女人的有力手段，而在女人那里却成了男女之间的鸿沟，仿佛是女人向男人宣战的武器。”过独身生活当然是拥有绝对的话语权。但“权”是相对于群体的。只有一个人的话语权，也就不是权了。

或许拥有家装话语权的程度，也是因人而异的，和女性地位的变化，并无多大关联。END

厨房的建筑观念

撰　文 | 董春方

作为一个建筑师，＜当你拿到新房时，或者当你的朋友和亲戚让你去给他们的新房装修出出主意时，也许你经常会碰到这样的尴尬场面：总觉得卧室不太好布置，空调的预留位置不恰当；主卧室的门设置在客厅的影视壁一侧，有客来访时会影响家庭成员的生活起居；卫生间虽大却零落，有时不得不大动干戈移动坐便器的位置；厨房的门开启的不是地方，开门后冰箱的就无法使用，要么水槽和炉灶的位置不理想。不要说设计者设计时是否考虑过在这些建筑空间中人的行为以及是否对这些空间投入情感，甚至连基本的合理都谈不上，留下的只是图纸上的那么一小方块。以至于入住者必须拆墙补墙才能获得满意的居住空间。我读到一位建筑师是怎么思考厨房和建筑场景与气氛的，简单的文字中无不体现出细致入微的对建筑的情感与体验。在此做个比较。

“每当我思考建筑时，在我眼前就会浮现一幕幕影像。其中一些影像与作为一个建筑师所受的训练和工作是有联系的，含有我多年来所积累的有关建筑的专业知识。而另外一些影像却必定与我的童年有关。那时候，当我体验建筑时我不曾去多想它，有时我总是感受到我手里的那个特别的门手柄，一种金属的形状很像汤匙的背影的门手柄。

每当我走进姨妈的花园，我经常会去握住那个门手柄。那个手柄对我来说似乎是一种特别的符号，意味着闯进一个有着不同气味不一样氛围的天地。我记得脚踩在碎石铺地上所发出的声响，打蜡的橡木楼梯柔和的隐约微光。当我穿过昏暗的走廊，我能听到在我身后那重重的前门的关门声，然后走进这栋房子中唯一明亮的房间——厨房。

后来想想，厨房也许是这栋房子中仅有的一间顶棚没有消失在昏暗里的房间：深红色精巧的六边形地砖、紧密的铺设似乎让你感受不到拼缝的存在、在我的脚底下显得坚硬而不屈不挠。还有那厨房的碗柜散发出的油漆的味道，这是一种典型的传统厨房，没有什么特别之处。然而或许就是这种非常自然的厨房，才在我的记忆中留下了不可磨灭的烙印。我以后有关厨房的观念始终坚定地来自于那间房间的气氛。

现在我想继续谈谈那些门手柄，还有地面和楼板，以及被阳光烤热的柔软的沥青，在秋日里被栗子树叶子覆盖了的石板，再有的就是那些以不同方式关上的门，有的饱满而又高贵、有的薄薄的、有的廉价且发出哗啦哗啦声响的、有的坚固耿直给人咄咄逼人的感觉……

这样的记忆包含了我所了解的深刻的建筑体验。这些记忆也是我作为一个建筑师的工作中一直在探求的建筑气氛和场景的源泉……”①

一间看似很简单典型的传统厨房与老宅居然在建筑师幼时的记忆中留下了富有诗化、抒情、生动的美妙的回忆，而这种根深蒂固的生活经历成就了建筑师日后职业生涯的厨房建筑观念。一间小厨房，它不仅仅是图纸中的那么一小方块，它包含了厨房中使用者的一切行为和感知：使用操作的便捷，照明的效果和品质，建筑材料的质感和肌理，家具的材质和色彩，小到一个门把手造型，大到整个厨房的气味和声响。这些对建筑的深刻体验是建筑师有关一间厨房的建筑观念的根源。小小的厨房观念呼唤我们对建筑的理性思考，对建筑的功能追求，同时赋予建筑以可感知的场所精神，而不是流行或时髦。作为建筑师，有理由关注人们如何真正地使用建筑，同时也要了解人们所处的建筑如何从情感上每天不断地影响使用者。这是建筑观念的基础。END

①英文版 Peter Zumthor THINKING ARCHITECTURE（文中的引文由董春方翻译）

男人中的“紫砂壶”

撰　文 | 陈南
摄　影 | 阎海涛

陈厚夫
毕业于汕头大学
厚夫设计顾问公司创始人
厚夫设计顾问公司主席设计师
汕头大学长江艺术与设计学院客聘教授

厚夫其人

在女孩子眼里，厚夫是个让人心动的男人：结实的体格、粗犷的外形、略显黝黑的皮肤、俐落的平头，加上标志性的胡子、憨厚的目光以及偶尔流出的一丝羞涩，让你不由感叹当今社会居然还有这样一个绝版的活化石男人。不熟悉的人，常常怵于他的沉默寡言，让人无法靠近。听说厚夫有个别名：“紫砂壶”，不禁暗暗叫绝，不仅形似，而且神似。厚夫说：“壶，要常用常养，用壶用一种仪式，养壶养一份心情。”他对自己就像对壶。紫砂壶：胚产于泥，手工捏制。精心刻画，细致保养。弥久致珍，仿若黑玉。

在同行男人眼里，厚夫是个厚道的人，即便不熟悉，也能感受到那份真实。朋友评价：“话虽不多却性情中人，一起交往不但轻松而且特别踏实。”都说他起了个好名字：厚夫——厚道的人。厚夫的“幸运”有时让人妒忌：虽不善应酬但人缘爆好；天资不算聪慧却能取得骄人的成绩；还有身边善于帮他打理的贤内助，这种幸福绝对可遇而不可求。因为有公司的良性运作，厚夫才可以做一个逍遥而纯粹的设计师，既没有复杂的应酬，也不用费心繁琐的管理，这种境界足以让很多设计同行羡慕得没辙。“傻人傻福”嘛。

设计之于厚夫

当年未能进入心仪的油画专业，阴差阳错搞起了设计，厚夫一发不可收地爱上了这个行当。从工程公司打工，到个体接设计活，再到目前运营管理细腻有序的厚夫设计顾问公司，一路走来不无艰辛，因为对设计的执着与专注才让他走得如此坚定，身处躁动的城市却能独善其身地迷醉于设计当中。默默耕耘、宠辱不惊，凭借厚实的功力和纯粹的灵性，20年里一步一脚印、扎扎实实、厚积而薄发。骄人的成绩，源于沉着，源于单纯，源于真实！

厚夫说自己天性慵懒，心思不受约束。他常独享一份“游离”，让思想天马行空，因为自由、因为从容，所以分外笃定。

厚夫的游离并没有让公司失去重心。如果说公司是个精密的仪器，那厚夫就是整个组织结构里的核心构件。这个构件在组织里有他启动和联动的方式。将自己的时间拜托给助手去安排，但很奇怪他总能抽身玩失踪。每周一的项目例会厚夫一定准时参加，项目主任们会将各自项目重要信息与其交流，在一周里，他的具体工作内容就被排定。他会很紧凑地完成，也会很闲散地展开；与同事对接，既很严厉，也会很包容。厚夫口语笨拙，却很有说服力。所有人都习惯了他偶然失踪，知道他对大的时间节点心中有数，而小的时间细节要靠各部门的人一步步地跟住。

其实厚夫的工作量很大，亲自主案的项目非常多。他从不介意项目大小，关键是有趣有挑战。主创部门其他的案子也必须经过与他的多次会审方可提交。但就像他自己说的：“比较懂得偷懒，时间用得巧。”别看他花大量的时间在享受饮茶和追寻汽车资讯，进入工作状态时效率却奇高。双休日他喜欢呆在公司，大多数人休息时，可以安静而完整地享用一份无需与任何人对接的清静自在。

厚夫也有些豪言：“设计在于设计之外”；“设计的灵感来自丰富的感受和天真心境”；“设计的感染力源起创意者的内心”；“设计，总是在解决人们不同层面的问题：从行为要求到情感需求，到文化诉求”。这些“厚氏”语录进一步向我们展示了厚夫的设计境界。

厚夫的作品，不拘泥于风格，不苛求新异，

从容和谐，淡定优雅。在完整与平衡之间，他总能找到能量的均衡。他说：思考空间，要从三维甚至四维的角度去考量，所谓“处处精彩不精彩，恰到好处最精彩”，这里阐述的是关于“度”的问题。

生活之于厚夫

厚夫是个物质男人。对自己钟爱的玩意，总是不计成本。

厚夫爱茶，特别享受泡茶的每道程序和每个细节，茶饮对于他是一种独处仪式，仪式里有诸多的道具和动作。比如，他总爱用支画笔当茶刷，将整个紫砂茶洗都均匀地润上淡淡的茶水，将零丁的茶末赶进漏眼，直到茶洗盘面重新润泽干净。一系列动作在漫不经心中一气呵成。这些规范之外的小动作在我看来非常有意思，是厚夫饮茶习惯中的重要内容。

厚夫收集了很多茶壶，说铁观音、大红袍等不同茶种要用不同的壶，而壶具还得经常轮着使用才能保持光泽。陈年普洱要用专门的陶罐装储，“养”在茶洗里的陶制小憨龟要时常用茶水润泽……把玩起这些茶物，他像个认真的孩子。

厚夫爱球，高尔夫之于厚夫也是绝配。说高尔夫是老年人的运动，其实更准确的说法是：可以打到老的一项运动，也是唯一没有直接对抗性的球类运动。厚夫喜欢高球的慢节奏，喜欢打球过程中自己与自己的较量，喜欢通过它更真实地看到内心，更喜欢它对于身心的历练。在他的周围，有一帮设计师球友，每周下场两次是他们的约会。每次，这帮老男人总是兴高采烈地讨论着全美高球赛、英国公开赛，老虎伍兹的球技和趣事。厚夫高球成绩不是最好的，但却是唯一在四杆洞抓过两次老鹰的人，他笑称自己运气极好。成绩好要请客是必然，成绩不好时，做吃客也很自然。有时觉得，球友间的情义更稠浓于做同行，想像着到老的时候，依然相约打球，球场上相伴，风云依旧，很让人感慨的画面。在这个行业里，他们拥有的另一番质朴的情义让人羡慕。

厚夫爱车，办公室的架子上一字排开极具动感的车模，象兰博基尼、法拉力……但厚夫更钟爱越野车，说越野车是男人的玩具，尤其是那些大体量造型硬朗的车，更能满足男性的操控欲，驾驶时有成就感。厚夫的座驾是黑色途锐，他是最早期的途锐车主，为了定制由里到外一色黑，足足等了三个月才收到货。途锐车功能配置强大，但外表敦厚平实不张扬，放在任何地方都能和环境协调，作为日常的代步工具，他觉得很适合自己。厚夫还爆料说悍马是他心中最好，那种向往并不在于代步，更多是对强悍的收服和拥有的渴望。

厚夫好烟，抽烟已成为行为的一部分，喝茶之外，手里没烟就不太自在。抽烟有利于思考和转接情绪，多年来伴着他一起成长，特别是在独处的时候。厚夫还迷恋烟斗，拥有整套的器具和七八个名贵的烟斗，当然还有各种口味的烟丝。抽烟斗前需要好的情景与状态，与饮茶不同，茶饮的过程是为了帮助清理心境，好进入全身心投入的工作状态，而只有在完全闲暇之时，才会取出斗具把玩一番，熟识每把斗的个性，拿捏着与它们交流的方式，收放之间细细品味烟丝的味道和湿度，彻底交融在烟与斗的能量交换中。

这就是我所了解的厚夫，与人与物温和内敛，与爱与情丰厚敏感。一个对人厚道，做事厚实，心性厚重真诚的率性男人。像极一款润养多年的极品紫砂壶。END

公司荣誉

美国纽约泛酒店空间设计大赛 HD Awards 度假酒店类别 WINNER 冠军奖

香港 APIDA 亚太室内设计大奖赛　楼盘类别金奖

香港 APIDA 亚太室内设计大奖赛　酒店类别银奖

中国 CIID 室内设计大奖赛　一等奖

中国国际饭店博览会年度　最佳酒店设计作品　最佳酒店设计机构奖

（北京）国际建筑装饰设计高峰论坛 IAID 最具影响力建筑装饰设计机构

中国室内设计艺术观摩展　最具影响力室内建筑设计机构

IDCFC 城市荣誉杰出贡献奖

厚夫的一天，又一天

撰　文｜陈南
摄　影｜阎海涛

2008年6月13日　星期五
地点　深圳
天气　大雨

要写厚夫的一天，可不是件容易的事。以厚夫的个性，是不可能老老实实让某人跟他一天的。现实也的确如此，前后联系了近一个月，在毫无预兆的情况下，突然被通知参加公司内部一个由厚夫主讲的项目交流会。会后，厚夫除了几个简单的工作交流外，几乎所有的时间都被我"霸占"。不能怪我，厚夫说我带着"使命"在旁边让他无法正常工作。以至于后来的时间几乎变成访谈，很是过瘾。但当我发现还有好些细节有缺失，不大好展开叙述时，不由懊恼起来。为了让厚夫的"一天"更原版，我不得不花"另一天"去补课。所以干脆，稿子就叫"厚夫的一天，又一天"吧。

12:51 接电话通知，下午1:40有项目交流会由厚夫主讲，暴雨中赶到厚夫公司，门口撑开了各色的雨伞，时间已是13:32。公司扩大后还是第一次来（一年内扩大两次了），前台小姐客气地把我领进会议室。开会时间到了，几个员工却在会议室门口晃了晃，没有进来。可能看我霸占着他们的领地。于是到厚夫办公室暂避，员工陆续进来后，我们才入内。

13:50 会议开始

在所有人坐定前，厚夫已认真地在白纸板上写下了打高尔夫球的所有流程节点。今天交流的项目是一个外资高尔夫球会所，厚夫是主创，他会将自己创作的过程与心得与项目部的同事分享。像这样的项目交流会多由主创部和项目部的人主讲，而且采用预演的方式。通过这种方式既可以锻炼表述能力，又能相互分享不同项目的收获。

厚夫站起来："在冠球（该项目主任）介绍项目的背景和进展情况前，我先插几句。当我们要做一个高尔夫球会所时，必须清楚了解整个高尔夫球的过程，把所有的环节弄清楚。"厚夫详尽讲解了高球会所的大致流程和不同会所间的细微区别后，坐了下来："只有对高尔夫有了充分的体验，才知道往哪个方向去做是对的，以及判断各个环节的合理性，所以使用过程的体会和感受很重要。"

14:00 案例背景介绍

从项目主任介绍的项目背景中了解到：该会所从建筑到景观都由国际顶级设计公司负责，他们切入项目比厚夫公司早三个月。甲方欲打造华南区最好的高球会所。所谓好并非豪，而是尊贵内敛，建筑外形平实干净，取意英式会所的绅士风格。而提起苏格兰作为高球的发源地，也让项目有了追溯的源头。每次与甲方开会，他们都要到香港去，五方会谈的各方包括甲方公司、管理公司、建筑方公司、景观公司以及负责室内设计的厚夫公司。项目主任将会所建筑图向大家展示，然后介绍："在第一次项目接触时，陈工提到了建筑平面上的流线和局部功能配套问题，管理公司非常认同。所以我们在首轮概念提交时，汇报了两个方案，一个是对原建筑方案做了微调，另一个对建筑布局、车流动线甚至建筑尺度都有一些修订意见。上次在香港开会时，争论比较激烈，但新一轮建筑方案还是参考了我们部分意见，调整了建筑平面，我们也将新的意见回馈过去，第二轮的概念方案基本完成，现在交给陈工来讲。"

14:15 案例分析

"老实说上次与建筑设计方弄得比较僵，大家意见都很强烈，最后好在甲方出来调停。不过做项目就是这样，有碰撞才有火花。这说明我们用心去体会项目，才有可能从我们的角度去发现问题。不过，碰撞之后的沟通与妥协很重要，毕竟是不同国际团队的合作，任何一方的意见都不代表全部。我更看重管理公司的态度，遗憾的是在项目交锋时，管理公司的声音有点弱。当然我们不用去理会背后的原因啦。"厚夫说道。接着详细阐述了首轮概念提交时，他对建筑平面的修订意见和缘由，及第二轮即将提交的概念里对新建筑平面的修订意见。

14:55 讨论

一位设计师连珠炮地针对第二轮概念提了几个问题：为什么VIP包间的送菜通道这么长？二楼餐区的出菜和回收通道并在一块，好像没

有办法分开。备餐成问题。那个消防楼梯很奇怪，怎么是折线的要转几个平台……厚夫表扬了她：很敏感，眼睛够锐利，发现问题快。厚夫说："不过这次我们会学乖点，不去大改平面，将问题细列出来提送建筑方、抄送甲方，下次开会还有厨房公司也参加，各方意见的合并应该会有好的结果。"在厚夫的引导下，其他项目主任陆续地提了很多问题，还关注到很多关键细节，会议现场在阴冷的雨天下显得温暖而沸扬。

最后厚夫再次强调：合理的空间流线和视觉引导，对客人快速找到目标位置很关键，而服务动线和服务点的科学设置对管理成本影响很大。看得出来，这是厚夫费尽苦心想要争取和协调的方向。

15:15 厚夫办公室

会议结束，厚夫回到办公桌前接听电话。我被亚妮引进其办公室，和她讨论这种项目交流会的作用。她说这是每个项目主任寓学习于工作的一种方式。会议一般由项目主任主持，目的是让大家共享公司的所有项目，包括经验、成绩或是失误。我想今天厚夫将其对设计过程的思考与同事分享，是共同学习的过程。从中可以完整地看到设计者的思考轨迹和对问题的着眼点及解决方法。

15:25 项目沟通

说话间厚夫出去了，在另外的房间与同事确定某项目的方案细节，三言两语，简练扼要地阐述了他的意见。刚结束讨论，又被公共区的一位同事拦住，是关于刚刚交流讨论的高球项目，我借机游离在厚夫的周边，他们正在讨论会所效果图模型，谈得很认真，完全忽视我的存在。厚夫不停地用手对着电脑显示屏比划，又抓起桌上的笔俐落地拉了几条结构线，最后显然是沟通清楚了。

15:55 对话

为了不让厚夫溜掉，这时我赶快抓住时机问："刚才的项目，建筑设计还没有完全确定的前提下，室内设计是否做的太过仔细了？"厚夫说："这次的方案不确定，其实是因为我们对原建筑平面的楼梯位置合理性、景观平台进深等问题提出了看法，虽然与建筑设计方顶牛，但他们还是考量了我们的部分意见。正是我们想得细做得细，才让他们也做了部分妥协。你看第二次的建筑平面方案修订，楼梯改了，平台深了，我们新的回馈意见他们比较顺畅地采纳了。虽然从室内的角度看还有不少遗憾，但解决问题总有主次轻重之分，我们同样需要妥协。"今天，第二次听到厚夫讲"妥协"一词，这是个中性词，但从某个角度看它却反射着积极的因素。因为坚持，所以有突破；因为妥协，所以有进度。两者相辅相成。一个成熟的设计团队必须是善于合作的团队，要想在国际团队间扮演好自己的角色，不能轻视自己，更不能盲目自尊。

"这个项目我很感兴趣，所以宁愿多做点"，厚夫接着说："在概念阶段就出这么多细节草案和效果图，是为自己争取更多的主动，让自己的想法更具说服力，为自己方案的实现营造更多的机会。如果接下来这一轮能顺利过关，我的工作等于完成了 80% 以上，因为我已经想得很细致。就算未能通过，之前的思考积累也会帮助我快速完成新的修订工作。即使方案需要进行较大的修改也不会吃亏，你的态度已为服务品质交了份好的成绩单。"（汗……）

16:10 茶聊

厚夫将我邀进了办公室，说是要冲茶给我喝，心中大喜。

书架上整齐地排列着一些紫砂茶叶罐和茶壶。稍整理后他就当起了好客的主人，从中挑出一个精美的壶，娴熟地泡起茶来。烫杯的时候我正想再次提问，厚夫突然问我是不是今天跟完一天任务就结束了？我说是的。"那好，下午我就陪你聊。"看着他决然的样子，哭笑不得，一时无语……

认识厚夫的朋友都知道他爱茶，钟爱那份喝茶的感觉。于是给他送来形形色色的茶叶、茶壶与陶罐。广东的功夫茶和江南的饮茶不同，具有很强的仪式感，喝那么小小一口，要经过烧水、烫壶、烫杯、铲茶叶、高位入水、过茶沫、冲泡、闻香、品茶等一系列的动作，不同茶叶要换不同的壶，每个壶又都要经常使用和养护。经历冲茶的过程，心境会逐渐平静而专注，直到内省。

今次的茶叶是铁观音，黄绿色的茶汁在内壁白色的茶盏里荡漾，滑过一丝清香。轻轻捧起，饮下，唇齿留香……厚夫说喝茶也是他思考的一种方式，工作时就会经常在办公桌和茶桌之间转换，独自体验喝茶的过程和乐趣，就像打高球一样。我们的话题慢慢展开……

聊起GOLF，我问厚夫为何如此迷恋这项运动？他开玩笑地说人老了，就喜欢上这"老年人"的运动。细聊之下，厚夫才道出："高尔夫充满挑战，是自己对自己的挑战。"他还说："深圳的特色球场多，有海滨球场、山地球场。既有诸多公众球场也有世界级专业比赛场，不同的球场带来迥异的打球体验。就算是同个球场，天天打也会不一样，每次打球，T台的变换、果岭旗杆位的调整，都会带来完全不一样的结果；天气有丝毫变化同样影响结果，发球时要考虑风向，推球时要感觉草的长度和湿度；球场上目测不同的距离后选择不同的球杆，随时有可能判断失误；打球当下的心情和状态调和得好，整套动作的所有细微之处会很连贯和谐，对球艺的发挥至关重要。所以特别容易上瘾。"厚夫露出憨厚的招牌笑容，人也放松多了。

他对球的热爱同时也带动起身边一帮朋友的热情，大家纷纷购置了一堆行头，但能坚持的却没有几个，更不要说打的好了。可厚夫的成绩却是骄人的，83杆的成绩，抓过两次"老鹰"，得过"最远距离"奖（335码，接近职业球手），就连这次高球会所项目的总经理都甘拜下风。一直纳闷以前没有任何体育天份的厚夫何以把GOLF打的如此出色？在他兴奋的目光里，我想自己找到了答案：性格内敛的厚夫，时常有很多方式去面对自己的内心，从中找到无穷的能量与乐趣。外松内紧的个性加上对细节的完美追求奠定了他优秀球员的基础——从容做人，从容做事。

17:50 离开 与项目主任对图

趁着厚夫离开办公室，仔细打量了一下周边，发现门边靠了一张冲好气的床垫，应该是厚夫通宵工作时用的。一台望远镜对着深南路那边的香蜜湖，书架上有跑车模型，有打高球的奖杯。厚夫的书桌略显零乱，硕大体量的手机上搭着蓝牙耳机，角落里有习字的宣纸和毛笔，桌面压着没画完的草图，线条奔放而有张力。曾听说厚夫遇到好的状态和动心的设计时，画图的手都会因兴奋而颤抖。那该是怎样一种状态呢？正在胡乱猜想之际，厚夫走了进来，换上一壶新茶。

18:10 关于烟斗

问起今天的安排，他说原计划去附近球场打场球，但因为大雨就不去了。"平日也多数三

点两线，公司、家、球场（出差除外）。很简单，但不规律。晚上喜欢在公司逗留晚一些（是贪那份清净吧）。”又见憨厚笑容。

烟盅里的烟头不觉满了，问起他的烟斗。厚夫开心地把宝贝一件件都取了出来，如数家珍的告诉我“这是米兰买的、这是法国的、北京的……”“这是老婆在巴黎买的”，那是一个有着漂亮架子，造型可爱的小烟斗，爱惜地把玩了一会。“烟斗比喝茶更讲究，尤其是压烟丝和清理烟丝灰烬比较复杂，每次抽吸的力度和间隙不好掌握，将烟斗抽得出神入化的没见几个，抽烟斗讲究好的情调和氛围。我买烟斗首选造型和质感”。接着细心说起如何把玩烟斗上的纹理，烟丝的粗细选择和味道的区分。顺手挑了一只弯斗，惬意地抽着，在灭和不灭之间，不经意地拿捏着快慢的节奏。观赏把玩的过程中，时钟不经意的划过 19 点，外间的员工走了大半……

19:30 晚餐

聊在兴致中，坚持不愿离开他的茶座。我们叫了简单的快餐。餐后，茶叶换成了 15 年的普洱，琥珀色的茶汁口感润滑。厚夫说“铁观音你不能久喝，普洱养胃”。感动，窗外的雨声更大了……

聊到汶川的地震，厚夫沉默了很久。说早先有个朋友走了，留下些阴影，地震更是加重了悲观的情绪。觉得属于自己的时间越来越少，有一些焦虑。

“人是很无奈的动物，没有太好的办法去改变，做好力所能及的就是最好的安慰……最近申请参加深圳义工组织，并愿意捐出自己的时间在专业上为义工联服务。”

22:35 关于感恩

那晚说了很多，难得厚夫如此健谈。亚妮进来了，也连声说奇怪。用她的话说，这是非“常态”的一天。

我们接着讨论工作、生活、发展，也闲谈汽车、音乐、移民。甚至幻想 60 岁以后在做什么？厚夫说，如果他还有精力，一定还在勾勒画图……

那晚我还知道厚夫深爱着深圳这座城市：他爱深圳的包容，爱深圳的活力。但唯一抱怨的是，这座城市因为年轻而显得单一。他认为深圳有着少年的稚气、青年的激情；但缺少中年的饱满、老年的智慧。

深圳之于厚夫是见证他成长的城市，经过十多年的相处，他把自己融进了城市，这里有他记忆的烙印。18 年里，他也见证了城市的飞速发展，伴随着城市的共同成长。深圳虽然是个移民城市，但时光的历练和成就的积累带给厚夫安全感和归属感，对这个城市他充满了感恩。

记得几年前厚夫和数位相似经历的深圳设计师自掏腰包，联合举办了一个名为“深圳 · 设计师 · 我们——十人十年联展”的室内设计专题展览。只是为了感谢这个行业，感谢这片土壤。今年，他们也在深圳大学做了助学计划，回馈城市。他说一个不懂感恩的人不算完整……

说到感恩，厚夫还提到了亚妮，“她改变了我的人生轨迹，还有性情、做事的方式、思考的方式”。

“不要说我，别说这个了……”，我看到了她眼角的湿润。我的眼框也忍不住热了起来……

00:33 一天结束

离开公司后，屋外还是大雨倾盆。回到家中，打开电脑写下了“厚道、厚实、厚重的率真男人——陈厚夫的一天”。我相信大家和我一样的感觉吧。END

“一天”里光顾聊得投机，写稿时才发现有关厚夫这一天的工作信息量不够，不得已又跑了趟公司。“又一天”里的下午，厚夫一直呆在会议室，据说先是项目周例会，接着两个具体项目的会审，然后要赶去机场。这一次不敢再去骚扰，但收获不错。算吃透前一天项目交流会的精髓，让我在前面的篇幅里表达得更为准确、丰满。“又一天”里还加进了厚夫其他的工作照片，就放在后序里权作“又一天”的见证吧！

其实，对于厚夫，没有严格规整的一天，他可以很散懒，也可以很紧凑；可以完全失踪，又可能通宵达旦。厚夫的“一天”，是要用“一天又一天”去平均的。

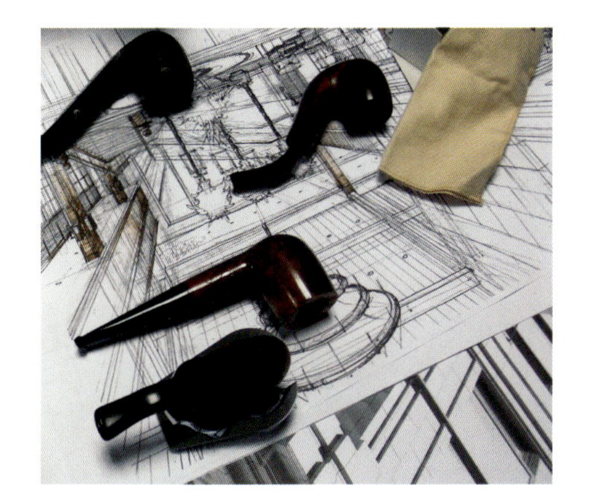

摩纳哥的夏季，光芒四射的季节

撰文｜丁方
摄影｜董瑾

她是一个城邦，也是世界第二小的国家。她紧紧地站立在地中海边的峭壁上，而因F1比赛出现的体坛明星和竞技风暴每每让人痴狂。她因大美女格蕾丝凯莉和摩纳哥王子的神话爱情而闻名于世，总之她是一个创造神话的地方。

摩纳哥地处法国南部，面海靠山，美丽的地中海在这里凹进几度，形成一个天然港口。背后的山脉则成为一个天然屏风，挡住了北方来的冷风。

摩纳哥公国，一个迎接未来的历史性城池。穿越古老的中世纪狭窄小道领略古城区的魅力，自然而然，您的脚步将带您来到宫殿广场。在这里每天的11点55分都会进行卫兵的交班仪式。

王宫象征着摩纳哥一百多年的历史，是在热那亚人1215年修建的防御工事旧址上复建的。宫殿捍卫着数百年来的传统，它的意大利艺术长廊和16世纪的巨幅壁画向游客们展现了部分豪华奢侈的场面：16世纪意大利风格的长廊和壁画；金碧辉煌的路易十五厅、金蓝相间的蓝厅、彩色细木镶嵌的Mazarin厅、装有文艺复兴时期大壁炉的王位厅、17世纪的Palatine教堂、Turbie白石修建的Sainte Marie塔、17世纪的Carrare大理石双螺旋楼梯和大殿……（*电话：+377 93 25 18 31*）

在王子之城的中心区域漫步，每一步都会给您带来炫目和惊喜。在公国的街道上漫步，呼吸地中海的新鲜空气，这难忘的一刻将值得您永远回味。在宫殿广场更远些的地方，您可以欣赏到朝向圣马丁公园的无与伦比的全景。该公园建立于1830年的荣誉王子五世统治时期，它将坐落在圣马丁大道的海洋地理博物馆包围其中。博物馆在S.A.S艾伯特王子的庇护下建立于1910年，此后长时间由Cousteau指挥官管理并进行航海潜水研究。该博物馆拥有世界上最珍贵的珊瑚暗礁，也是鲨鱼的理想新礁湖，全世界独一无二。（*电话：+377 93 15 36 00*）

摩纳哥天主大教堂也采用Turbie白色岩石建于1875年，这所罗马拜占庭式的教堂内设有已故王子的皇室墓园。教堂的内部采用著名的尼斯画家Louis Bréa 1500年的作品进行装饰，教堂的祭台和主教宝座则使用Carrare的白色大理石建造。该教堂可以主持重大的宗教音乐会。从9月到次年6月，每星期日10点起，由“摩纳哥儿童唱诗班”和“大教堂主持”带领唱圣曲。（*地址：4, rue Colonel-Bellando-de-Castro-Monaco- Ville大道。电话：+377 93 30 87 70*）

在海洋地理博物馆旁边的述说蒙特卡洛故事的“摩纳哥电影”，位于渔夫大道的露天停车场内。使用大型投影设备每小时播放并配有6种语言的同声翻译。这场多视觉角度的电影展现了公国的起源、历史和未来。（*电话：+377 93 25 32 33*）

在海洋地理博物馆前，可乘坐旅游小火车“蓝色快车”。这些被漆成各国代表性颜色的小火车每天运送游客进行观光，配有多国语言讲解。（*电话：+377 92 05 64 38*）

数不胜数的博物馆、旅游景点和娱乐场所，造就了摩纳哥举世闻名的声誉。在摩纳哥，每一天都是耳目一新，每一天都会是开心愉快，因为这里有如此多样和丰富多彩的娱乐活动。

令人惊心动魄的赌场时光，让您在世界最漂亮的赌场内尽情狂热。所有这些顶级赌场都聚集在蒙特卡洛200m的范围内。您将陶醉在这热力四射、激动人心的气氛中。开始下注吧！

来到大赌场广场，您将会在Charles Garnier建筑大师的著名作品面前激动得无法呼吸。它被誉为巴黎大剧院的微缩版，始建于1863年，后于1878年拆毁，在短短6个月内依据建筑师的图纸重新修建了新的赌场和歌剧院。它设计的中庭被28根玛瑙顶柱围绕；深入建筑内部最里面的是Garnier大厅。Jules Dutrou设计了美丽的Atrium门厅，28根仿大理石巨柱支撑着用青铜雕像装饰的长廊。1881年，Charles又建造了美洲厅。1889年，建筑师Touzet装修了两间被由彩绘玻璃窗和布景分隔开来的大厅，这些布景分别代表着清晨、夜晚、财富、爱情和疯狂。建筑师Schmit于1903年设计建造了白厅，室内由巨型女像柱照明。随着季节的变换，在这里总是上演着最美最抒情的表演。更远些的地方，是被世上独一无二的彩色玻璃、雕塑和油画装饰的金碧辉煌的游戏厅。(*电话：+377 98 06 21 21*)

著名的巴黎咖啡也位于大赌场广场，它的装饰设计灵感来自豪华顶级风格，您可以试试美式大轮盘游戏，克拉普斯和黑杰克游戏。(*电话：+377 98 06 77 77*)

太阳赌场位于蒙特卡洛大饭店内，该赌场内的装饰是奇妙的马戏团风格。(*地址：Spéluges大道12号。电话：+377 98 06 13 13*)

棕榈大厅(*电话：+377 98 06 72 00*)

摩纳哥的夜生活是公国传奇的一部分。无论是令人激动、耀眼夺目的夜晚还是上流社会的名人晚会，您在摩纳哥都将会度过一个特别的夜晚！

若您想体验一个刺激的夜晚，您可以选择大赌场、巴黎咖啡赌场、太阳赌场和棕榈厅赌场。它们各具特色，定能令您陶醉在这激动人心的夜晚。为了度过一个难忘的夜晚，您可到海湾迪厅狂欢到天亮，体验那里绝无仅有的时尚和震撼的氛围。如果是朋友间的相聚小酌，有众多的俱乐部可以选择，在那里您可体验到有音乐相伴的生活的乐趣和欢愉。摩纳哥的夜晚如此缤纷多彩。如果您想每项都体验，则需要数个晚上。

Amber Lounge Monaco，位于超级时尚的蒙特卡洛湾酒店与度假村大堂内的 Blue Gin 酒吧值得一去，它供应各式各样可口的鸡尾酒。（*地址：Monte-Carlo Bay Hotel & Resort, 40 Avenue Princesse Grace，电话：377 98 06 06 77*）

蒙特卡洛运动俱乐部在每年的夏天都有昔日巨星驻唱，包括 George Benson, Natalie Cole, The Beach Boys, Lionel Richie 和 Julio Iglesias 等均在此轮番献演。每当夜晚降临，蒙特卡洛运动俱乐部的光影将夜空映衬的分外耀眼。（*地址：Le Sporting Monte Carlo, Avenue Princesse Grace，电话：377 92 16 20 00*）

艾美海滩广场酒店 Le Sea Club，F1 赛事期间最顶级的派对，于艾美海滩广场酒店 Le Sea Club 举行，在布置豪华的餐厅内享用三道餐及不限量畅饮，用餐后可以到休闲吧桌或前往遍布烛光，凉风习习的露台尽情享受美丽的夜晚。和历届 F1 世界冠军，及各国名流和明星面对面……直至天亮！（*地址：Le Meridien Beach Plaza,22 Avenue Princesse Grace，电话：377 93 15 78 88*）

摩纳哥也可以是一个得天独厚的始发站，她令人们去探索发现周边的田园景色、领略蓝色海岸的美丽风光、感受意大利蔚蓝海岸的魅力。

在我们这个时代对花园产生了新的迷恋。摩纳哥及其周边地区无疑是植物的天堂。在日益发展的城市化进程中，公国对不同的珍稀植物物种进行了保护使之不至灭绝消逝。公国采取了公园和绿地统一规划的政策，对于一个 195hm^2 面积的行政市必须保留超过 250000m^2 的绿地，这样的面积在欧洲排名第二。因此到处可以看到珍稀名贵的植物和谐生长，处处鸟语花香，洋溢着清新的空气。

将几千种“鲜美”的植物收络其中的非同寻常的植物园于 1933 年正式开放，并将园址大胆的选在岩石峭壁上。在地下 60m 的地方存在着一处史前溶洞，在那里上演着千年来的石灰岩巨作。（*热带植物园大道电话：+377 93 15 29 80*）

美轮美奂的日本公园位于格雷斯公主大道，由日本建筑园林设计师 Yasuo Beppu 设计建造，占地 7000m^2，是名副其实的与自然实貌相等的艺术作品，其设计理念完全遵循返璞归真的原则。

在大赌场入口，一片法国式样的草坪和壮观的喷水池，点缀着迷人的“小非洲”花园。在出口处，阳光普照的大露台面向大海，您将欣赏到著名的艺术家 Vasarely 多彩的作品。

圣马丁花园内有数条弯曲的小径悬空于大岩石的峭壁上并沿着海岸线延伸。地中海特有的野花让热带风情挥洒的淋漓尽致。在这里您可以享受到大自然的奢侈、自然经典杰作和大海的宽广……

安托妮特公主公园的入口的整个墙体由叶子花装饰，这是壮观的橄榄树王国。这所自然公园在古代时是家庭聚会和举行庆祝活动的胜地，在随后各个时期内变成了儿童主题乐园。

填海得来的芳德薇拉市区，高科技无污染工业选择在这片土地上新建发展。

在芳德薇拉区域内，您可乘坐直升机饱览无边无际大海的蔚蓝。在摩纳哥公国的上空和周边地区低空翱翔，从空中俯瞰领略蓝色海岸的魅力。该地区坐落着1985年开放的Louis二世体育场。它拥有一个能容纳16000人的足球场，一个能容纳3000人的全能项目场馆和一个淡水恒温奥运泳池。(*电话：+377 92 05 40 11*)

一座被棕榈树和橄榄园装点的小湖泊，占地4hm²，营造出一片宁静祥和的世外桃源。沿着雕塑艺术之路您将欣赏到最美的纪念碑雕塑艺术作品，它们出自许多大师之手。当然也不要错过位于格雷斯公主大道的玫瑰之心。近180个品种约4000朵玫瑰带给您沁人心扉的香气。

通往海边和Grimaldi Forum论坛展览馆，您将会看到最具现代风格的会展中心建筑。在那里您可参观国家博物馆的自动木偶和古代玩偶展览，它们位于格雷斯公主大道17号。(*电话：+377 98 98 91 26*)

“蒙特”是“大山”的意思，“卡洛”则是摩纳哥公主的名字。在摩纳哥的一切地方，您将体验到在奢侈天堂中漫步的感觉。

在公国您可买到所有您希望买到的东西！蒙特卡洛黄金商圈指的是蒙特卡洛大道、美术大道、光明路等。您在那里可买到最新一季的顶级设计师作品如爱马仕、赛琳、圣罗朗左岸、普拉达……在市中心，不论是磨坊大道、意大利大街还是格雷斯公主大道沿途，以及Larvotto海滩临街，一路都是高雅的橱窗。城市商业长廊拥有80间商店，面向大赌场花园。长廊内巨大古老的吊灯华丽无比，与长廊内部的大理石装饰相互辉映。大赌场广场和临近主干道的交汇处聚集了各种珠宝品牌店的展示橱窗，如卡帝亚等顶级品牌……尤其对于艺术爱好者，著名的古董收藏店或装饰艺术店可满足您的需求。

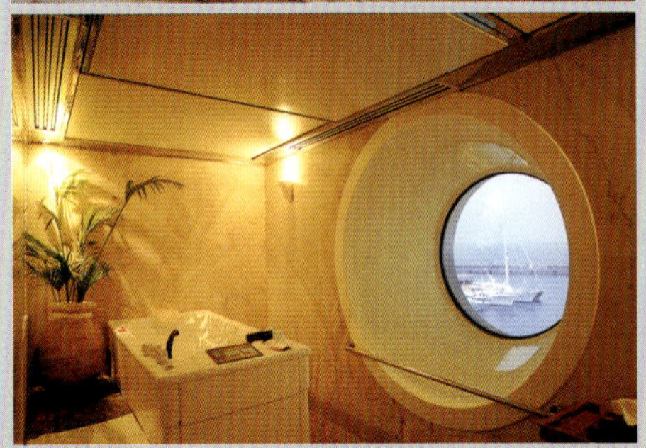

摩纳哥，有生命力的热土，使人身心放松的地方。

公国的阳光、大海和山峰是名副其实的快乐之源。

传说中摩纳哥天天是艳阳天。那么，在摩纳哥做SPA是不是有不一样的体验？如果您希望在旅途中进行体育活动或康复休闲，摩纳哥有足够完善的体育设施和美容中心满足您的需求。

没有比大岩石之城脚下的地中海更令人放松的地方了。在蓝色海岸阳光的照耀下，您可以尽情享受大海的情趣和海滩的闲逸，或亦在露天游泳池内浏览港口宽广的美景。蒙特卡洛海洋温泉浴场，继承了当地人海水浴的优良传统，在6600m^{2}里配置了海水泳池和身体康复室。这座疗养中心把地中海的浪漫风情和东方的智慧溶入进了蒙特卡洛精神之中。它孕育出轻松的处世艺术和健康的生活意识。反射学、物理疗法、运动疗法等学科的具体应用，使您在这里的短暂旅行，无论是一天还是一周，都会永远地留在记忆的深处。(*地址：2 avenue d' Ostende*)

蒙特卡洛水手俱乐部是传统的海水疗养中心。这所疗养院将地中海特有的柔和融入到蒙特卡洛根源中，将源自中国的东方祥和与古老技法应用在现代疗法中。(*地址：Ostende 大街 2 号*)

而ESPA理疗中心是个宁静祥和的港湾。中心内部装修独特，3个楼层提供各具特色的服务。(*地址：Madonne 大街 4 号*)

蒙特卡洛Fairmont大酒店的健身中心拥有位于屋顶的户外游泳池。友好舒适的氛围，更有宽广的海景及摩纳哥全景。

在经过一天的疲劳后您可在蒙特卡洛城市酒店休息和放松。(*地址：Madonne 大街 4 号*)

哥伦比亚中心：格雷斯公主大道7号。

公国是一个名副其实的永恒的文化圣地！摩纳哥永远洋溢着艺术的热情和无止境的文化盛事！无论春夏秋冬，摩纳哥的四季总是如此的美丽。

传统节目是在摩纳哥的星空下，在王子宫殿中独一无二、无比非凡的荣誉堂内举行的蒙特卡洛爱乐交响乐队的夏季演奏会。红十字会名人舞会是公国夏季毋庸置疑的盛事之一。这个独一无二的名人慈善晚会在蒙特卡洛体育俱乐部的中央大厅举行，全世界的社会上层名流及慷慨的捐赠者都受邀参加这一盛大的晚会。从1957年至今，每4年全世界的戏剧爱好者齐聚在公国境内，参加世界戏剧爱好者庆典。超过一百名戏剧业余演员连续10天每晚进行3个来自不同国家的戏剧作品演出，演出的作品保留各自国家的语言，让您坐在剧院的椅子上就可以进行全球文化之旅。

蒙特卡洛歌剧院由巴黎歌剧院的著名建筑师Charles Garnier建于1863年。其礼拜堂采用大理石材料，四周围绕着28个玛瑙顶柱。歌剧院的入口大厅金壁辉煌，装饰色彩完全采用金色和红色，众多的壁画和雕塑营造出华丽和艺术氛围。一个世纪以来在这个舞台上上演了世界各地的戏剧作品、音乐会和芭蕾舞剧。剧院内间间相通的"游戏厅"装饰有华丽的玻璃窗、雕塑和油画。

蒙特卡洛交响乐团至今建团已有150多年。该乐队的前身是1863年创建的摩纳哥第一支官方乐队，由最著名的音乐大师掌门，1979年开始使用现在的名字。每年国际顶尖的独唱音乐家都会来此参加音乐会。

蒙特卡洛芭蕾舞剧团成立已有20余年。在Grace公主的推动下，自1985年，秉承Diaghilev俄国芭蕾的舞蹈传统，创建了一支芭蕾舞剧团。1993年，S.A.R. Hanovre公主任命Jean-Christophe Maillot为剧团团长。他倡导创新和国际交流的办团方针，从此剧团越来越声名显赫。

蒙特卡洛国际马戏节1974年由兰尼埃三世创办，全世界的马戏艺术家会聚Fontvieille宫，切磋技艺，一比高低，最好的演员将获得"金小丑"和"银小丑"奖项。

摩纳哥公国境内豪华酒店建筑中多彩的大理石装饰和廊柱的瑰丽，前卫的城市风格特色都见证了它金壁辉煌的历史传奇。这些酒店共同拥有优雅和精致的格调和品位，并以向宾客提供热情优质的服务和绝对的舒适为宗旨。

摩纳哥境内18间豪华酒店拥有可观的接待能力，超过2600间客房和套房，每家酒店都向八方来客提供独特的服务，致力营造热情好客的氛围。各个大酒店的建筑风格各异：经典、拿破仑式、浪漫、地中海式或现代风格，所有这些酒店共设有约88个餐厅，宴会各方宾客。不论是灵感来自普罗旺斯、还是来自尼斯蓝色海岸或意大利蔚蓝海岸的菜肴，在公国境内的各大酒店，您都可以品尝到同样高品质的当地特色佳肴。它们共同鉴证了一个世纪以来公国的辉煌历史。品尝美食是门艺术，它让您感受到季节的变幻和节奏。在摩纳哥公国，著名的大厨师们凭借对阳光和生活的挚爱，为宾客们烹制无与伦比、绝对地道的地中海菜肴。

科伦巴斯酒店位于芳德薇拉区，正对着格蕾丝王妃玫瑰花园，离直升机场2分钟路程，离赌场广场5分钟路程。酒店所有的设计务求给你的休假体验留下难忘的印象。作为摩纳哥公国内唯一的一个以居家风格见长的时尚精品酒店，科伦巴斯正符合了现今游客对独特生活方式的渴望。

由获奖设计师阿曼达·罗莎构思的"里维埃拉风格"，现代感十足的卧室运用了淡紫色和浅褐色、意大利风格家具、20世纪30年代鼎盛时期的黑白照片，体现出摩纳哥的豪华和舒适。酒店的外观非常干净。竖线条白色基调下掩衬着几扇庄重又不失活泼的蓝色玻璃，不锈钢材质的花盆显示出酒店的些许冷峻和高贵。圆形修剪的植被在竖线条外立面的大背景下显的恰到好处。客房大多采用浅蓝色的背景墙，让人总对海天一色的户外浮想联翩。着手摩纳哥科伦巴斯酒店设计之初，阿曼达就相信客人的感触要比酒店的整体构思来得重要。因而才有了芳香配合织物的渗透到感官的灵感设计，给酒店尤其是大堂区域营造出安逸宁静的情绪。

魔幻而传奇。蒙特卡洛巴黎大饭店与蒙特卡洛大赌场呈90°角交错而立。巴黎大饭店的大堂里，一尊铜雕扬起的马腿被摸得油光锃亮——据说所有要去隔壁赌场的住客出门前都会来摸摸这个马腿，期望能带来好运。饭店建于1864年。进了大堂，举目可见雕花大理石圆柱，华丽的水晶吊灯和精雕细琢的顶棚。该饭店有267个房间，其中豪华套房66间，特别不可思议的是，饭店顶楼一座餐厅，不但美味佳肴应有尽有，而且顶棚可以自动开启。天气晴朗之日打开顶棚，又是一道风景。

摩纳哥的美食作为一项新的生活艺术，让您在这里的假期变得更加有滋有味。最著名的厨艺大师，如Alain Ducasse和Joël Robuchon，与您一道分享烹饪与品尝美食的快乐。除了在各大酒店的著名餐馆内可以品尝到美味佳肴外，众多小有名气的餐馆还可以让您享受到鲜美的时令菜肴，包括普罗旺斯特色菜、地中海边尼斯口味或意大利风味的佳肴，以及世界各地佳肴珍品。

先开始介绍阿兰·杜卡斯，他拥有3家米其林餐厅。路易十五是米其林三星，位于巴黎大饭店内，凡尔赛风格，金碧辉煌。由阿兰·杜卡斯经营，厨师长Franck Cerutti为您推出地中海风味的地方佳肴。甜品单随季节变化。葡萄酒由侍酒师向您推荐酒窖里至少4万瓶珍贵藏酒。Bar & Boeuf也属阿兰·杜卡斯经营，是米其林一星，位于蒙特卡洛Sporting俱乐部里面，面向地中海和花园。B&B厨师长是Philippe Gollion，作风简约，擅长牛肉和鱼，与地中海特色前菜搭配最佳，可在露天面向大海就餐。Le Grill则位于巴黎大饭店的八层，获米其林星级，可以眺望摩纳哥最漂亮的港口风景和地中海的远景，在夏天，当屋顶打开，蔚蓝海岸的天空群星闪烁时，则更是另人难忘，不要忘记以最著名的甜品"soufflé"结束。中午套餐价格为68欧元，包含饮料。厨师长是年轻有为的Sylvain Etievant，阿兰·杜卡斯的学生。Le Vistamar望海楼是米其林一星级，位于Hermitage饭店，拥有公国最漂亮的露天餐馆，就像它的名字，欣赏海景和港口。特色菜是鱼，厨师长是Joel Garault，根据季节和市场变换菜谱。END

旅行贴士

国名：摩纳哥公国

国庆日：11月19日

自然地理：摩纳哥位于欧洲西南部，三面被法国国土包围，南临地中海。东西长约3km，南北最窄处仅200m，面积为1.95km²。境内多山，最高点海拔573m。属地中海型亚热带气候。

神秘的岩石之国：摩纳哥公国和著名的岩石峭壁在法国和地中海之间延伸开来。摩纳哥的疆界是一朵朵美丽的鲜花。有限的土地面积（202hm²），整个国家沿着4km的海岸线发展，最后终止于狗头山和阿及尔山山梁。

整个城市由4个区组成：摩纳哥市，公国的历史中心，座落在大岩石上，那里建有王子宫殿蒙特卡洛，赌场林立的市中心拉宫达明，紧紧包围着赫拉克勒斯城门芳德薇拉市，通过填海建成的新工业区（22hm²）

交通：距摩纳哥市中心8km的欧洲高速公路网将摩纳哥公国通往欧洲各地。摩纳哥的直升飞机场位于海边，从摩纳哥公国乘直升机达到"尼斯－蓝色海岸"国际机场仅需6分钟。摩纳哥直升机机场电话：+377 92 050 050。每20分钟一班，可向客户提供额外服务，如免费往返公国境内酒店和住地间的接送。

电压：220V。摩纳哥用一般的欧洲插头。

时差：和中国差6小时。

巢中宣扬"无愧设计"
NEST INSIST ON "DESIGN ON CONSCIENCE"

撰　文｜陈峰
资料提供｜Nest

近日，来自丹麦的著名家居时尚品牌 Jooi Design 在上海泰康路原工作室全新创办了一家新概念零售店 Nest "巢"，这是由 Jooi Design 创始人 Trine Targett 发起并与另外 7 个著名品牌一起合作，是一个颂扬"无愧设计"的独特零售概念店。

作为核心概念，"无愧设计"强调的是：智能的设计与可信赖的制造业。无论从设计上还是制作上，材料选用天然、可再生且可循环使用；在产品的制作过程中不会对环境造成污染和伤害，为中国创建一个美好的生活环境。Nest 正在努力成为中国第一个"碳平衡"产品零售基地。

Nest 独特的产品来自一群年轻的有抱负的公司，所有的产品都是在中国生产，他们用自己的方式回报这个世界。"这些品牌激发了我的灵感。他们设计充满了魅力和力量，难以置信。我要和他们一起用产品来展示这个世界另一面，它可以做得更好，中国可信赖的制造业"Trine 说，"Nest 为这些独特的设计师们提供了一个平台展示他们的设计。NEST 是我们所想表达的概念的完美隐喻，如同一个鸟巢，其构造的总和将大于它局部的枝叶。" Bambu 的品牌拥有者和联合创办人之一 Rachel Speth 补充道。

在此同台登场的品牌包括有用有机面料的婴儿服装品牌 Wobabybasics、以天然面料制成的女装品牌 Brown Rice。AOO 的可再生材料制作的家具、Asianera 的精美骨瓷、Y-Town 的回收材料制作的家饰和配件、Torana 的手工编制的藏毯、Bambu 的用可替换的竹子制成的厨具和餐具、Jooi 的当代家居配饰与时尚配饰。

所有这些品牌都讲述着一个独特的故事，拥有出色的产品。"我们希望创造一个新颖、舒适，让人流连忘返地方。" Trine 补充道。届时，Nest 将会推荐新的品牌并定期举办"设计师讲座"和"研讨工作坊"。END

又一场电脑与时尚的跨界
CROSSOVER BETWEEN PC AND LUXURY

撰　文 | 李品一
资料提供 | eazo

跨界风潮来到了我们面前，让原本毫不相干甚至矛盾、对立的元素，擦出灵感火花和奇妙创意，就是跨界的价值。跨界不仅是一种时尚观念，更已成为一种生活方式和人生境界。近日，时尚元素水晶 与电脑也来了一场跨界秀，充满奢华气息和设计感的入门级私人奢华电脑F20-SE 万钻星河系列和奢华定制级电脑 Z70 系列就出现在人们面前。使得电脑这一日常工作用具成为了极佳的家居装饰品。

F20-SE 系列将旗袍的体态引入了设计，流线型的纹路撩起了女性心中对浪漫的渴望，这款设计使得主机看起来雍容华贵。颜色的搭配上，eazo 和设计师也煞费苦心。白色款代表了纯洁、高贵和典雅；黑色款代表了神秘、夺目和内敛；粉色款代表了可爱、天真和幻想。不同颜色分别对应了不同性格的女性，使得 F20 成为更名符其实地为女性设计的电脑。

除了外表，F20 的内置也十分强大：eazo F20 是世界上最小的四核机箱，英特尔®酷睿™2 四核处理器 Q9300 45 纳米技术 使得 eazo F20 散热大大降低、安静极速处理数据，并且能提供高清晰的视觉享受。

Z70 系列主要面向的是成功男士。花梨木的深沉感和铝镁合金的材质感，使得 Z70 系列的奢华更为低调，符合了男士对奢华的追求。深色调的 Z70 系列能与家具完美地配合，无论是书架、书桌、皮革沙发还是其他家居用品，Z70 都能稳妥地配合着它们，毫不张扬地体现自己的沉稳和风度翩翩。

作为定制级电脑，Z70 除了具有奢华的特点，当然必须具备强大的内置：英特尔®酷睿™2 至尊处理器 QX9775 组成的八核平台可以让用户同时连接 4 个具有不同作用的显示器，并且强大的数据处理能力可以让 Z70 同时完美地完成任务。在家庭中，Z70 就可以是一个服务器，内接局域网，外控所有电子设备。所以，有人称它为“世界上最强大的家用电脑”，也并无夸大之处。END

创意廊显“年轻设计”潜力

撰　文 | 陈峰

我们总希望回归童真年代，我们总拒绝一切死板设计概念的成人生活乐园。其实，只需要些许略显疯狂的奇思妙想，便能完全提升你的生活质量，而想象中的一切新生活、新活动、新品味在这里全部唾手可得。

位于上海市杨浦区创智天地的创意廊（iD Gallery）于近日悄然诞生，而它就是这么一个令人彰显个性的地方。许多跨界设计师的创意产品在这里展示他们的创意，保捷设计达人 F.A. Porsche 精心操刀设计的火线硬盘，源自世界著名设计师 Neil Poulton 之手探路者系列硬盘驱动器，还有著名设计师 Ora-Ito 设计，具有相当独特的艺术外观设计，不仅解决了用户日常对不同外置接口的需求，而且放置在桌面上还是一款具有观赏价值的艺术品——USB & 火线 Hub。

但这家小店的与众不同处并不仅仅在于售卖新奇物品，而是打破了传统的店的模式。此次，我们也与创意廊的相关负责人王多进行了对话，来了解它如何跨越“店”的模式，不仅搜罗并销售最新潮奇巧的创意科技产品，更鼓励那些希望与人分享创意，并创造价值的设计师，来这里展示和寄卖个人作品。于是，我们与该店负责人之一王多进行了一次对话，来了解他们如何挖掘年轻设计的潜力。

Q＝《室内设计师》　**A**＝王多

Q　为什么会开设创意廊?

A　创意廊设立在创智天地社区中，这一社区是一个集学习、工作、生活于一体，大学校区、科技园区和公共社区“三区融合”的创新知识型社区，希望积极鼓励自主创新，支持创意科技产业的发展，而创意廊正是在这样一种理念下诞生的。创意廊的营销形式也是独一无二，我们不仅搜罗并销售最新潮奇巧的创意科技产品，更鼓励那些希望与人分享创意并创造价值的设计师来这里展示和寄卖个人作品。创意廊希望能够为年轻创业的设计师搭建了一个平台，将创意与创业在创意廊巧妙的融合，让这里成为年轻设计师创业起飞的地方。

Q　创意廊有自己的设计师吗?

A　所有的产品和设计师和我们之间都是充满合作而又独立平等的关系，这样才能保证我们没有任何偏向性的展示创意产品。目前的产品主要是一些市面上比较少见的品牌，大部分是欧洲，日本，香港的产品。同时我们也引进展示一些颇具创意灵感和先进科技的的初创设计师和电子产品。

Q　市场上有很多仿制国外的创意产品，创意廊的产品有什么不同?

A　首先，我们的产品全部都是原创性产品。这在我们和各公司签订的协议中都注明了这一点。这样既尊重知识产权，鼓励原创动力，又保证产品质量，维护消费者的权益。另外，我们不定时的展示初创设计师产品或没有批量生产的产品，也能够让我们的店铺一直充满活力，站在创意、探索的最前沿。而且我们也在结合自身以及集团的资源帮助实现那些还没有实现的好的创意设计，这是一般的店铺所无法实现的。

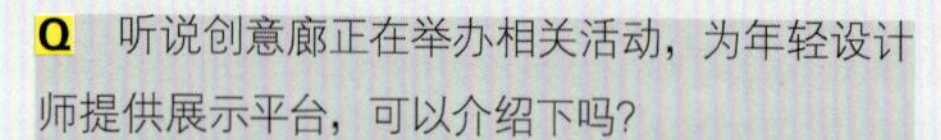

Q　听说创意廊正在举办相关活动，为年轻设计师提供展示平台，可以介绍下吗?

A　创意廊鼓励那些希望与人分享创意并创造价值的设计师来这里展示和寄卖个人作品，希望为年轻创业的设计师搭建一个平台，将创意与创业在创意廊巧妙的融合，让这里成为年轻设计师创业起飞的地方。我们不仅提供场地，还将通过媒体、活动吸引有价值的相关人士前来，包括一些投资人和潜在客户。同时，我们也将资助优秀创意产品设计变为现实的产品上架、批量生产、甚至品牌打造。展品可涵盖数码科技产品、创意办公产品、创智天地相关纪念品等。我们都是欢迎此类创意产品设计师前来展示的。

Q　除了一些日常的零售陈列及产品展示外，还会有特别的主题活动或主题展示?

A　会的。我们会和创智天地的合作伙伴，如园区内企业、创意产业协会、大学生动漫展、各高校等广泛合作，在一段时期内举办特定主题的活动或展示。如我们即将与园区内的网络游戏公司共同举办游戏体验主题月，就是为园区内企业新产品发布而特别策划的。同时我们也会邀请上海一些大学的学生参与到主题展示设计，真正体现创智天地“三区融合、联动发展”的宗旨。END

厨卫的建筑美学

撰文 | 三石

随着现代人对于厨卫空间要求的不断提高，厨卫已经从纯粹的功能空间变成了人们放松和享受的另类空间。"时尚个性，注重感官体验的高科技洁具，已经成为厨卫产品发展的新趋势。"曾被人看作十分私密的事情，如今也堂而皇之地作为开放式空间展现，强调与周遭家居环境的协调、统一，将浴室这一方天地不再与居室中其他空间割裂开来，突破了传统厨卫间对空间与视觉的隔断。家具台面、多功能、丰富的色彩……全方位厨卫系列让美感和功能兼备，符合现代家居的需求。

汉斯格雅（Hansgrohe）
产品：雅生 · 奇特里奥系列
设计：Antonio Citterio

雅生 · 奇特里奥系列的问世始终贯穿着"分隔、透明、材质"的独特理念：沐浴间与卫生间融为一体，这是生活的必需区；一体化台盆和浴缸又构成另一道风景，这是生活的享受区，两者之间通过玻璃与门则整体贯通，构成独特的"第二眼奢华"。当它的缔造者，Antonio Citterio 提及此系列的诞生时，他解释道，"有一种思想自始至终贯穿在整套沐浴系列产品的设计过程中，这就是空间。我始终把生活空间视为一个整体，力图将人们的必要及享受需求美地融合在一起。"

雅生 · 奇特里奥系列的设计除了从空间理念出发，还特别采用了流畅，晶莹的长方形平面和刚劲清晰的棱角作为主要视觉表现，并成功地把这些设计元素融合起来，体现出水流般的自然光泽。

科勒（KOHLER）
产品：KARBON 概念厨房
设计：Bruno CHENESSEAU

该系列灵感来源于"Arch"建筑设计理念中最强调的整体感，用开放式的立面设计，将整体厨房变成建筑的一部分，与家合为一体，而不再是一个做饭时需要把门关起来隔离油烟的所在。从此，厨房由一个独立的操作空间摇身一变，成为家中的人气聚集地，可以是一个非正式的客厅，也可以是一个很休闲的饭厅，充分体现了理性设计思维与人性温情的结合。KARBON 概念厨房，貌似景观小品的亭式建筑，却是集娱乐、操作、休闲于一体精心打造的多功能厨房。"Arch"理念的运用，使原本独立的整体橱柜转变为建筑主体，加上时尚的材质、鲜活的色彩、灵动的龙头和巧妙的储物架，展现了 IKITCHEN 的独特风采。

舒洁帝（Zucchetti）：传承经典的SPA理念
产品：水龙头 & KOS
设计：Roberto Palomba 和 Ludovica Palomba

花洒 Zucchetti Shower，不仅是革新技术后的战利品，更迎合了我们对于 SPA 享受的追求。从环保角度出发，舒洁帝头顶花洒 Zucchetii Shower 有无须加水压、易节能、且环保的优势。

而同属于意大利 Zucchetti 舒洁帝集团的 KOS，在 GEO180 浴缸中，除了 BLOWER SYSTEM 喷汽功能的卖点，还可加入香熏精油，随喷汽一同散发。与 Zucchetti 舒洁帝头顶花洒的 SPA 组合打到完美的极致。IDROCOLORE SYSTEM 专利彩灯功能的视觉效果，红、黄、蓝、绿等各色彩的变化，加上先前的触觉和嗅觉的享受，这种感触也已将 SPA 经典传承。

乐家（ROCA）
产品：Khroma 系列
设计：Erwin Himmel

Khroma 系列是世界各国设计师跨界合作的代表。柔感背垫采用先锋派设计，这一设计出自在德国汽车设计界蜚声国际的奥地利设计师 Erwin Himmel。Khroma 独特的舒适背垫设计，灵感源于他在汽车设计领域的经验积累。而法国色彩专家 Vicent Gregoire 为 Khroma 系列背垫用精心挑选的色彩：绛红、深灰、银灰、湛蓝、乳白、白色。

整体背垫设计配合人体曲线，采用柔软质感材料，带来舒适坐感。Khromaclin 智能座厕遥控器界面友好、操控简单，使得多种功能一键操控。Khromaclin 的"CLEANAIR"座圈除臭设计系统，具有强大的除臭功能。Khromaclin 的一体化洁身功能设计，清洁容易更耐用，水力振动按摩和脉冲按摩自由切换，迅速恢复新鲜与纯净的感觉。"Find Me"夜光功能设计更为夜间使用提供了便捷。而 Khroma 感控设计洗脸盆所独有的智能瓷质感应开关，只需要轻轻一触动，冷暖水流即随你掌握。

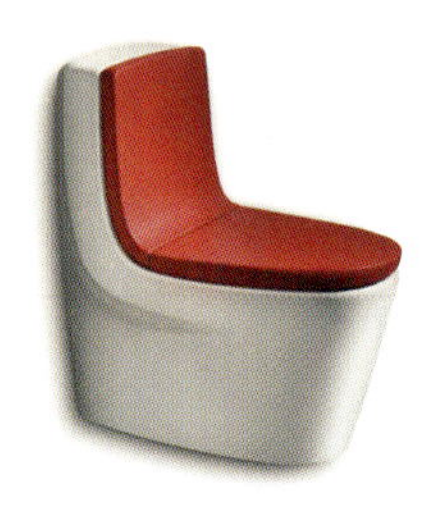

唯宝（Villeroy & Boch）：看不见，闻不到
产品：飘香技术运用于隐藏式座厕

走进一间卫生间，既看不到座便器，又没有异味传出。是否真有这样的卫生间？当然存在，并且是以创新的隐藏式座厕/SmartBench的形式出现，是唯宝公司为配合高级家具方案都市生活/CityLife系列而开发的产品。高雅的木质家具中隐藏着陶瓷座便器，只有翻开木质长凳面板后才能看见该陶瓷座厕。这个"看不见的座便器"适合安装于休闲区及健身房，开放式浴室。

隐藏式座厕采用自洁型釉面/CeramicPlus，便于清洁并抑制细菌滋生。一个与家具设计相匹配的木质座椅、卫生间纸卷及可选的卫生间清洁刷，均可放入一块不透明的玻璃板中。由于采用了缓降坐厕盖技术，所以可以无声地盖上座厕盖。而你的眼睛所能看到的只有高雅的木质长凳，既可用作座位，也可当成储物区。

杜拉维特（Duravit）
产品：弗格家具系列家具台面
+圆柱形班西诺台盆

这款家具台面系列使浴室真正成为居家的一部分。高度为45cm的弗格家具台面甚至可以作为椅子来使用。几何外形使弗格系列家具台面清晰的水平线条在垂直方向得到延长。班西诺圆柱形台盆外形的特别设计来自于Duravit：46cm高和直径为37cm，内部尺寸较深且没有锥度，使得家具台面脸盆非常实用。所有的细缝被陶瓷嵌平，增强了触摸感。

时髦的梦幻组合为整个浴室设计提供了大量的空间。浅窄的台面配上大大的抽屉能有如此多隐蔽存储空间真难以想像。你可以把台盆安放在台面的中间或一侧，甚至还可以同时放置两个台盆。宽度为60cm的弗格台面配班西诺台盆是面积小一点的浴室或一般盥洗室的理想方案。

弗格家具系列实木饰面采用多种不同材质：美洲胡桃木、孟加锡黑檀木、橄榄白蜡木、美洲樱桃木及Limed Oak，为个人的梳洗区域和浴室提供了更多的选择。

卡德维（Kaldewei）
产品：立体派浴缸和淋浴盆Conoduo和Conoplan
设计：Ettore Sottsass

几何形Conoduo浴缸和Conoplan淋浴盆，设计简洁优雅，朴实的直角外形、柱形的内缸以及符合人体工学的柔和弧形设计使人舒缓身心。艾托瑞·索特萨斯（Ettore Sottsass）这样来形容他为卡德维（Kaldewei）设计的理念："Cono Design的设计灵感来自浴室简化的需求。浴室的主要功能是洗浴和起到放松身心的作用。这款设计外形简洁，同时符合人体工程学的科学原理，使浴室成为沐浴享受和美学相结合的统一体。"

Conoduo型号的浴缸尺寸为180cm×80cm×43cm。两端的靠背设计，无论是单独沐浴还是双人沐浴，都能够保证提供舒适的沐浴享受。Conoplan淋浴盆的尺寸为120cm×90cm×2.5cm，可以根据个人喜好砌上不同的外墙。END

这里有最新的创意

MAISON & OBJET 巴黎家居装饰博览会

撰　文 | Vivian Xu
资料提供 | MAISON&OBJET

1 Sylvia Marius

巴黎家居装饰博览会被称为世界三大展览之一，每年两届，创办迄今已十余年，已形成MAISON&OBJET巴黎家居装饰博览会、MAISON&OBJET musées文化物品和礼品展、scènes d'intérieur室内设计展、now! design à vivre前沿生活设计展、MAISON&OBJET I projets I公共工程装饰与修缮展和MAISON&OBJET outdoor_indoor户外家居展等系列展览。据了解，今年秋季的展会将于9月5日至9日在巴黎北郊维勒蓬特展览园内如期举行。

对专业人士来说，它不仅仅是一个高品质的商业博览，更是一个家居世界的魅力之极。创办迄今，MAISON&OBJET不断推出了多台内容连贯、形式统一的精彩展会。展会以推崇创意与生活完美融合为宗旨，涉及家居装饰的多个不同领域。从民族风情味十足的家居、色彩斑驳的灯饰、精美的餐桌陈列艺术到现代户外时尚家居、前沿设计、创意室内设计，展会与家居家具行业的所有名品携手，挑战欧洲家居装饰领域最优秀展会这一殊荣，同时又保持着自身鲜明的特色。

创新设计的推动一向是巴黎家居装饰博览会最热衷的事情，在众多优秀设计师的作品展示中，人们游走于时尚与装饰、幽雅与夸张、时代精神与生活艺术之间，领略到设计带给生活的无限可能。

另外，MAISON&OBJET也非常关注年轻设计师，每次都会特别开辟“Talents a la carte”沙龙为其提供展示才华的机会。END

2 Nathalie Domingo

3 Maryline Pomian

4 Franck Loret

5 Roxanne_Andres

6 Valerie Colombel

ACME和马赛尔·旺德斯
ACME AND MARCEL WANDERS

撰　文 | 李品一
资料提供 | ACME

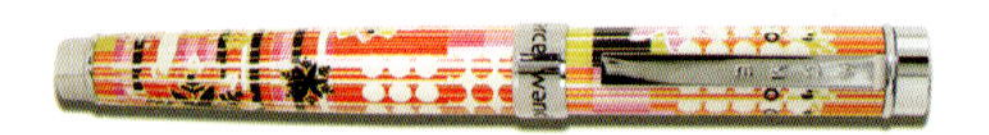

1963年出生于阿姆斯特丹。1988年毕业于荷兰安恒的美术学院。荷兰设计大师马赛尔·旺德斯是当前最受关注的设计师之一。他也曾是荷兰前卫设计团队Droog Design第一代的设计师。

除了担任Moooi的艺术总监和合伙人之外，他还为欧洲当代著名设计制造商诸如B&B Italia、Bisazza、Poliform、Moroso、Flos、Boffi、Cappellini做设计，许多设计已经成了经典作品，让不少设计博物馆，如纽约和旧金山的现代艺术博物馆、伦敦的V&A博物馆等收藏和展示。2001年创建Marcel Wanders设计公司。客户包括：英国航空公司、斯沃琪、和维珍大西洋航空公司。

1 Storage Box

Marcel Wanders设计的主要面向孩子们的储藏盒。储藏盒由纸板做成，色彩丰富，充分表达了Marcel Wanders充沛的想像力和设计理念，并且透出了女性的柔美感觉。

2 Carbon Chair

2004年，Marcel Wanders与Bertjan Pot合作设计了该款座椅，其主要制作材料是高性能碳/环氧复合材料，该材料优越的耐疲劳性和减振性特点能使座椅不易变形。

3 Throw

Throw 是 Marcel Wanders 为 Moooi 设计的一款室内装饰物，它不仅仅局限于某一个特定的功能，而是可以根据使用者的想法应用在不同的地方。它可以取代传统的睡椅，还可以就那么放在家里的某个地方给空间带来温暖的质感，更可以按照需求成为某次派对的桌布。

4 Big Shadow Lamp

Shadow 系列落地灯是 Marcel Wanders 于 1998 年推出的经典作品，该系列产品是由棉线和 PVC 材料压制而成，图为设计师于 2005 年推出的限量版——“Big Shadow Lamp SE”，此款的不同之处在于灯罩具有打磨过的金色光芒，并以丝绸包裹灯体。

5 Knotted Chair

Knotted Chair 是 Marcel Wanders 于 1996 年推出的一款同时具有“柔软”、“平坦”和“刚强”、“立体”特性的座椅，摆脱了传统座椅枯燥的外观。在使用传统麻绳编织工艺的基础上，该款座椅利用现代技术将塑胶纤维注入麻绳，保证了座椅的坚挺。

6 New Antique

New Antique 系列是 Marcel Wanders 于 2005 年设计的作品。该系列桌椅有黑白两种颜色。座椅附加了被填充了聚氨酯泡沫体的光滑皮革软垫或者规则条纹皮革软垫，软垫的颜色于座椅整体的颜色相同。

Sven Baacke：将产品融入空间

撰　　文 | 徐明怡
资料提供 | Sven Baacke

1974 年　出生于德国的斯图加特
1997~2003 年　在斯图加特的国家美术学院学习工业设计，后获得工业设计师的毕业资格证书
2001 年　进入位于慕尼黑的 Gaggenau 品牌的设计团队实习
2003 年　正式担任 Gaggenau 的产品设计师
2006~2008 年　和 Gaggenau 设计团队一起获得各种设计奖项，包括德国红点的金奖和芝加哥的最佳设计奖。

位于恒隆广场二期的德国 Gaggenau 高档厨房家电展厅于近日正式开幕，设计师 Sven Baacke 从德国巴登黑森林脚下搬来了质感十足的木材用于装饰，开放得设计理念将现代而简约的厨卫空间真正融入到了古朴的黑森林氛围中。值此开幕之际，我们与设计了该展厅的设计师 Sven Baccke 进行了面对面的交流，这位出生于 20 世纪 70 年代的年轻设计师低调而深邃的设计理念也于此娓娓道来。

Q ＝《室内设计师》　**A** ＝ Sven Baacke

Q 你的设计风格是什么？

A 可能深受包豪斯风格影响，我喜欢干净简洁的外观，但除此以外我还希望自己的设计具有内在深度，能够表达更多实用功能。就好像我为 Gaggenau 工作，每做一个新的产品，都会先进行消费者消费习惯的调研，然后再和相关的工程师沟通，譬如厨房电器产品会涉及到的散热、排风或耗电量等工作。所以我喜欢为人、为家设计产品，包括如何将产品融入到相关的室内设计中，也是这项工作不可缺少的一部分。

Q 这间展厅实现了从产品到空间的一体性？

A 是的，我觉得产品必须契合空间，它们应该是一体的。我们在设计产品的时候就应该考虑到以后他将如何与空间和谐搭配。

Q 谈谈这个展厅的设计过程和理念吧。

A 我认为上海是个非常开放的城市，所以我想在这个展厅中体现出开放的概念。首先体现在空间的特性上，如何将一个专业厨房和谐地放置于私人空间中是我们设计上的最大特色，我认为不需要将厨房与起居室刻意地分开，只需要将厨房生活更好地融入到我们的客厅或者起居室里，随性而灵活地展现在各位面前是我所想表达的；其次，我希望展厅能兼容上海与德国的特色，所以，我从 Gaggenau 的家乡带来了黑森林，将它们作为展厅墙面的室内装饰，而透过展厅的落地玻璃窗，上海繁华的美景尽收眼底。

Q 在展厅设计中，除了黑森林的木材外，还有哪些细节是你所想阐述的 Gaggenau 特色？

A Gaggenau 的厨房产品材质大多选用的是深灰色，而且表面饰面也是采用亚光的。所以，我在展厅中选用了橘色等鲜艳的颜色，通过这样的搭配来凸显出 Gaggenau 产品的材质感。

同时，我想体现的并不是传统厨房，而是开放式厨房的概念，所以它不仅仅是一个展厅。我希望将三个房间连接在一起，使得整个空间显得通透，而为了达到这样的效果就需要利用光线使得整个空间不那么沉重，所以我还加了一些暖色调进行协调。

Q 一般而言，我们认为珠宝、时装等能代表奢侈概念，但我看到 Gaggenau 每年都被列入美国纽约奢侈品家电排行和德国奢侈品排行榜前 15 名，你认为厨房家电成为奢侈品的标准？

A 我认为真正的奢侈品除了表面风光外，一定要有内涵。而 Gaggenau 的外观设计一点都不张扬，非常注重但是我们通过那么多年的历练和研发并且将专业的设计理念融入品牌中使得我们的家具更富有内涵。他觉得这是我们的技术和创意的一个概念，并且深入到了生活里面，这才是一个设计品牌的灵魂。

Q 谈谈你自己的设计吧。

A 我是个非常具有好奇心的人，我喜欢在旅行中汲取设计灵感。当我去一个陌生的地方时，我会关注当地的建筑、发生的事情以及每一个人……我喜欢那些细节，喜欢去接触和尝试新鲜事物，而这些可能也形成了我自己的设计风格。所以我经常会设计一些小东西，那些很小巧而性感的东西是我所热衷的。我认为科技使人们生活会越来越简单，越来越人性，所以产品应该往纤小、简单而温暖的方向发展。END

工艺
Craftsmanship

传奇因设计而不朽

撰 文 | Vicco Wu
摄 影 | Vicco Wu

意大利，是公认的时尚大国。意大利的时尚产业，便是从生活美学中萃取出的极品精华。近年来，越来越多的顶级时尚品牌，更以跨领域的媒介手法，将艺术融入在奢华产品的设计之中，为刻板的工业产品注入了令人惊艳的丰富面貌。

自 1928 年至今，意大利顶级品牌萨尔瓦托勒·菲拉格慕（Salvatore Ferragamo）今年正值品牌创立 80 周年，其精心策划的"菲拉格慕－不朽的传奇 1928~2008"展览在上海当代艺术馆 MoCA Shanghai 隆重上演，以期让世人能够近距离欣赏代表意大利时尚工艺之美的菲拉格慕设计作品。

追溯至 20 世纪 20 年代，菲拉格慕制鞋的艺术，便已经在西方社会崭露头角，可说是"意大利制造"奢华品牌的代表者。以制鞋闻名天下的萨尔瓦托勒·菲拉格慕先生，一生致力研究制作合脚舒适的鞋品，以其与生俱来的审美品位，在设计鞋履方面施展身手。他这种艺术家的天赋，改变了制鞋业的历史，他源源不绝的创意、格外讲究的工艺、精妙绝伦的设计和顶级的选材，反映了一位设计师紧贴时代脉搏的创意概念。他与其他艺术家的跨领域合作，更将鞋履的创作提升至艺术的殿堂。

本次展览中，萨尔瓦托勒·菲拉格慕博物馆馆长斯蒂凡娅·瑞奇（Stefania Ricci），以及意大利的著名策展人克莉丝提娜·莫瑞兹（Cristina Morozzi），精选了蕴涵着社会发展脚步和文化的鞋履与时尚服饰作品，组织了一场演绎意大利鞋艺设计和发展历程的精彩国际大展。斯蒂凡娅·瑞奇表示，"这些作品是菲拉格慕先生旷世才华的证明，更彰显着以日常生活美学、创新的功能美感为基础的产品中所蕴含的文化底蕴。"整个展览展出了萨尔瓦托勒·菲拉格慕的上百件珍贵原作，让观众在走进鞋履艺术时光隧道的同时，体验设计师的创意概念与艺术跨领域结合之作。

展览由崎岖的甬道蜿蜒开端，黑色的墙面上印刻着白色的醒目字句，描述着菲拉格慕先生的经历以及人生理想，虽然是些只字片语，却让人从不同侧面了解传奇人物的点点滴滴。越过显示丰富史料的书籍造型多媒体艺术装置，好莱坞的英文字母赫然出现眼前，演员们化妆镜边框上的连珠灯框被放大成犹如时光隧道的门框，通向内里。一侧的展柜内展示了菲拉格慕不同时期与好莱坞电影合作的成果——为不同时期的电影量身定制合适的鞋履。那里的立柱由轻质的材料制作而成，表面经特殊处理，呈现斑驳的面貌，犹如花岗岩一般。

落地的"窗台"，窗外是各种"景色"，多媒体装置将不同时空的影像挪移到展场之内。投影仪将建筑的立面打在幕布上，让人仿佛置身历史的建筑中。穿过门洞，眼前是成品与未成品的聚拢，作为背景的墙面上，满满当当地布置着这 80 年中，菲拉格慕发生的种种场景，一个与一般镜框同样尺寸的液晶屏隐在其中，播放着动态的图像。在材料展示的部分，菲拉格慕让材质与产品之间产生某种共鸣，无论是鞋履还是服装配饰——精巧的设计必须仰赖丰富的材质。阳光透过 MoCA 的玻璃顶棚射入，底下的巨大空间里，陈列着 4 个红色的巨型"包装盒"，包装盒的内部贯穿成一个曲折的甬道，甬道内陈列着菲拉格慕的首饰、箱包设计，用五颜六色的鞋履排布成的同心圆，仿佛色盘一般，分外惹眼。

楼上的空间，不仅有展示菲拉格慕同艺术家合作的创意产品，也有用作为衍生产品的不同款香水瓶搭起的水晶树，更有放大版的红色高跟鞋造型的沙发，围成一圈，供观众休息。斜靠在沙发上，还能仰视上方屏幕循环放映的好莱坞影视片段，领略菲拉格慕的明星之路。墙面上整齐地排列着从最小尺码到最大尺码的鞋款，红色的是女款高跟鞋，褐色的是男款皮鞋，地面上的地毯也由一个个鞋履的轮廓构造而成。再往里，一个满布着自然图案的空间出现在眼前，植物、动物的纹样在空间的各个角落蔓延，由这些图案制作的丝绸服饰出现在下一个展厅，悬挂的模特在斜靠的大玻璃镜内映下错落的影子。展览的最后，回顾了曾穿过菲拉格慕鞋的历史人物以及当时的鞋履，梁朝伟、章子怡的身影也出现其中，更让人惊奇的是印度公主定制百双的金履鞋以及安迪·沃霍尔穿着过、鞋头还沾染艺术家颜料的"工作鞋"。END

1 复杂考究的手工工序，是奢侈品牌的品质保证
2 Salvatore Ferragamo 不仅在制鞋方面颇有建树，还涉足服饰，箱包类
3 展览融合了品牌的不同类别产品进行展示
4 纺织品设计与室内设计相融合
5 每只精美的展品后面都隐藏着精彩的内容

◎《世界室内设计史》，
【美】约翰 · 派尔 著，
中国建筑工业出版社出版，
国际 16 开，443 页，238 元

一部完整的室内设计史

《世界室内设计史》

撰　文 | 西西

《世界室内设计史》（A History of Interior Desigh）由美国布鲁克林著名的普拉特学院的室内设计教授约翰 · 派尔（John Pile）编著。是一本图文并茂的室内设计史，也是第一本全面系统的关于世界室内设计史的专著。

全书共收集 400 余幅插图和 200 余幅彩图以及大量的文献资料，条理清晰地叙述了 6000 多年的室内设计历史。以便读者了解过去的各种“风格”，著名的设计师以及设计作品及其特点，和那些人所创造的有趣和有影响的设计方法。

作者认为，室内空间是一种界限不明确的领域。它与某些领域相重叠，因而在编写全书时，作者是在建筑艺术的范围内进行研究的，同时也涉及家具、产品、灯具、纺织品等相关领域。所选实例要么是在美学方面比较突出的，要么是在历史上某个时期或某个地方具有典型性的。在关注历史重要实例的同时也兼顾了日常的乡土设计。

本书的第一版于 2000 年在美国出版，主要选取的是欧美国家的设计实践和它的史前根源。第二版出版于 2005 年，增加了亚洲和伊斯兰传统的室内设计部分，并补充了近几年全球范围内的新作品，展示了在科学和技术不断发展的今天室内设计的新的发展方向。

本书中文版翻译了原著第二版，由国内著名的建筑历史和理论专家，东南大学教授刘先觉领衔翻译，中国建筑工业出版社出版。

◎《室内建筑师辞典》，
高祥生 主编，
人民交通出版社出版，
16 开，895 页，150 元

顺应中国室内建筑设计发展的需要

评《室内建筑师辞典》

撰　文 | 李宁

以东南大学建筑学院高祥生教授为首的一批专家学者历经四年多编撰的《室内建筑师辞典》正式出版了，作为业内人士由衷地为此感到高兴，这也标志着中国室内设计作为一个相对独立的专业日趋成熟与完善。

对于工科专业，专业的形成大都源于产业发展，而专业的完善与提高则需要专业理论的支持。随着改革开放，我国兴旺发达的装饰装修业无疑是室内设计专业蓬勃发展的社会因素。随着从业人员规模日趋庞大，专业教育的快速发展，都急需专业理论的建设和支撑。然而业内的现状是室内设计的理论建设滞后，它严重影响了室内设计水平的提高和发展。因此国内不少专家学者如中国建筑学会室内设计分会名誉会长曾坚先生，原中国建筑学会秘书长张钦南先生等都指出“要建立具有中国特色的室内建筑设计理论体系”，显然这是中国室内设计和装饰装修业发展的头等大事。然而要发展室内设计的理论体系，其最基本的问题是室内设计专业应该有自身的规范和统一的专业用语，明晰和标准的专业语义，因此编撰《室内建筑师辞典》是我国装饰装修业和室内设计专业发展的迫切要求，它将对行业和专业的发展起到不可估量的作用。

室内设计专业既是一个年轻的专业，又是涉及学科广泛综合性强的专业学科。《室内建筑师辞典》除室内建筑设计之外，还收集了建筑设计与历史、建筑结构与技术、建筑材料与设备、工艺美术与园艺、陈设设计与家具等诸多专业四十余项内容相关四千三百余条词条，内容广泛，知识丰富。辞典释义中既突出了室内建筑设计的专业特点，又注意到与相关专业知识之间的相融性，同时，辞典的词目释义既有实用性、时代性强的特点，又关注释义概念准确，具有专业性和权威性，实为广大室内建筑师以及从事专业教育、工程实践的广大业内人士必备的一本好书。

东南大学高祥生教授既教书又实践，治学严谨、事业勤奋、论著丰富，是一位我国室内建筑设计界卓有成就的资深高级室内建筑师。以他为首汇聚了业内七十多位专家学者不畏艰苦与繁琐完成的这本《室内建筑师辞典》是对室内建筑设计界理论建设和研究的重要贡献，对我国室内设计界加强理论学习与研究，全面提升设计水平，促进设计创新都会产生积极的影响。

威尼斯建筑双年展

第11届威尼斯国际建筑双年展将于2008年9月14日至11月23日在意大利水城威尼斯举办。本届主题为“那儿，超越房屋的建筑”，届时威尼斯将汇聚来自65个国家的建筑师和建筑展览。本届威尼斯国际建筑双年展中国馆的总主题为：“普通建筑”，由“应对”和“日常生长”两个分主题构成。提出普通建筑在今天中国的意义，也在于质疑权力对环境的破坏性规划，阻断今天的建筑与传统的生长关系，所以这里的普通建筑也是对权利的积极建议。当全世界都追逐国际明星建筑师设计的标志性建筑之时，我们恰恰将目光投向一些中国建设者在全球化环境下处理日常空间问题时所展现的杰出能力与中国智慧。展览分为两个部分：处女花园部分和油库部分。处女花园由建筑师张永和先生策划，分主题为“应对”。参与建筑师为：刘家琨、刘克成、李兴钢、童明、葛明。油库部分由作家阿城先生策划，分主题为“日常生长”。说到应对，话题自然而然转向最近发生的汶川8级地震及其对现代建筑引起的毁灭性影响。建筑师们都针对本次地震推出了抗震环保的设计，同时也体现了他们的人本关怀。

《视觉暂留——建筑师绘话上海》

设计共和携Droog、Magis、Moooi、Vitra和Tom Dixon等设计品牌参加首次在上海举行的“100%设计”展，并正式发布如恩制作(neri&hu)品牌及其产品。同时，《视觉暂留——建筑师绘话上海》的新书发布会也在展会期间举行。《视觉暂留——建筑师绘话上海》一书运用电影拍摄手法，以口述历史的形式，阐述了对中国城市新领域精神面貌的多种观点。50位设计师以各自的观点传递着他们对上海这个城市各个方面的感念，诸如环境、建筑物以及专业守则。

Bisazza 2008米兰设计周作品展

Bisazza在2008米兰设计周上向公众惊艳展示了两款由Andrée Putman的作品“ENTREVUE”和Jaime Hayon创作的马赛克拼饰作品“Jet Set”。Andrée Putman首次以简洁明快的线条赋予Bisazza华美的艺术之感，运用黑与白的强烈对比，贯穿整个拼饰作品。在这个系列中，Zenith and Correspondances两张桌子以颇具时代感的外形展示经典的个性特征。Jaime Hayon设计的作品呈现了截然不同的风格，再度以他独有的华丽地中海风格惊艳世人。这架超现实主义的飞机拥有一个非典型时尚的复古飞机棚，外部以白金马赛克装饰，飞机表面以黑白两色马赛克镶嵌，白色马赛克铺饰的楼梯结合光与影，生成出颇具电影场景的意境。

“欢聚”家具惊现上海空间美学馆

近日，比利时顶级户外家具落户中国品牌发布会在上海空间美学馆隆重举行。本场发布会以“欢聚”、“共享”为主题，体现EXTREMIS“为欢聚而设计”的品牌理念。EXTREMIS于1994年创立。在拉丁语中，EXTREMIS是extra-ordinary(非常特别)的意思。它还有out of ordinary design(抽离通常的设计)的意思，其产品因其创新、引领时尚的设计而获得包括IF、Reddot等在内的一系列国际设计最高奖项。本次发布会亦暨上海空间美学馆首场公开活动。

原料组合：中国与希腊艺术家的对话

原料组合：中国与希腊艺术家的对话于2008年8月2日至31日在上海当代美术馆内举行。“原料组合”展示了希腊以及中国当代艺术家的作品，为观众提供了良好的契机得以追溯几个世纪以来，希腊以及中国这两种具有深厚传统底蕴的文明对不同的文化领域带来影响以及两国文化之间的深刻联系。这个展览的特色在于将传统的材料和技术应用于当代艺术，促成了一种极具挑战性与创新性的文化结合，从而形成了一种以原创图像为特色的全新的艺术语言，及希腊中国艺术的革新。

第七届上海双年展参展艺术家名单公布

主题为“快城快客”的第七届上海双年展近日确定了来自21个国家和地区的61人(组)参展艺术家的名单和参展作品方案。据悉，一列长45m左右的火车将“驶进”美术馆的正门，这列曾经承载着中国知青梦想的历史火车将拉开“快城快客”的序幕。其他如水稻、巨型蚂蚁和各种姿势的马的雕塑也将是今年户外作品的亮点。此次也特别推出了三位艺术家的个展，策展人团队认为这将是关于“快城快客”的点题之作。目前双年展艺委会确定了中国艺术家岳敏君、美国艺术家Mike Kelley和荷兰艺术家Lonnie Van Brummelen & Siebren De Haan。据了解，目前国内外艺术家已进入最后的创作阶段，已完成的作品将起运，布展工作将从8月24日全面开始，9月7日中午12点之前完成。

列奇家具展厅08新款年中酬宾

时值年中，列奇家具携旗下三大系列“巴厘风情”、“芭堤雅”、“摩洛哥”2008新款系列，于其位于上海吉盛伟邦绿地国际家具村的旗舰店全面酬宾。

巴厘风情系列新产品灵感源自“人间天堂”印尼巴厘岛，一个充满热带风情的神秘国度。经提炼和优化后，无论家具或饰品在选材上，除了保留原有的民族特征和元素外，造型和使用方式更趋现代和西方，使之更贴近我们的生活。芭堤雅系列则脱胎于泰国度假胜地“芭堤雅”，带着一层神秘的东南亚面纱，弥漫着泰式的禅意格调。新款的芭堤雅是安静的，不夸张的。一系列的家具将亚洲那种克制和中庸的审美，传统与欧式的极简主义相结合，带着浓郁的东方色彩。泡一杯清茶，落两粒棋子，给自己建造一室宁静。摩洛哥的灵感则来自异域的风情。

2008上海100%设计

近日，“100%设计”上海展在上海举行，此次展览邀请了来自纽约的Tobias Wong和 Aric Chen负责整个视觉外观和展览外观。并联合作为创意总监为“100%设计”上海展创造出特别的效果，他们也加入伦敦的“100%设计”创意总监Tom Dixon和东京的“100%设计”的创意总监Michael Young的行列。在“100%设计”上海展的设计，Wong和Chen选择了高雅而有力的主基调：熟悉的中国建筑工地，支撑的竹子变成中国迅速发展的象征。“100%设计”上海展把展会扩展在整个大厅，从此墙到彼墙，从地面到顶棚。然而，让这个空间留出空间，让其创造出一个沉思、减压的空间，让参观者在像卡笛尔的竹林中漫步。然而，更重要的是这些竹子不但是搭起的框架，更是一个有待被填上的广阔区域。它象征着中国当代设计的潜力：一个正待被填充的着实的框架。

“上海·艺术让城市更美好”公共艺术创作实践活动

2008年6月23日，“上海·艺术让城市更美好”公共艺术创作实践活动启动典礼举行。活动选择上海曹杨新村这座新中国最早的工人新村作为施展公共艺术魅力的实践平台，以群众和艺术家、学生互动的方式开展公共艺术创作实践。这是对公共艺术创作的一次大胆尝试，有效解决了长久以来公共艺术脱离大众需求的尴尬局面，让艺术之光真正照亮了老百姓的生活。而作为上海第一个全面绿化的特色小区，曹杨新村居民的积极参与也成为本次活动的又一亮点。据了解，2009年4月将在上海曹杨新村进行为期一个月的作品实地展示。

泰诺健和ORO携手Wellness

2008年6月12日，世界顶尖健身器材制造商泰诺健Technogym携手The Villa ORO“金色艺墅”带人们徜徉时尚健康的居家空间。展示当天，在位于石门一路82号的The Villa ORO底楼，展厅将会化身为5个富有浓郁意大利风味的房间——精美的墙饰，意大利时尚名牌家具，配以Technogym的优雅健身器材，让人仿佛置身于亚平宁浪漫国度。这5个房间包括1个卧室、1个书房、1个起居室和2个卫生间，展现一个完整的居住单元。他们由著名设计师Lorena D'llio完全采用意大利元素设计，典雅的玻璃花房、老房子的私密隔间、柔和的灯光，舒适的座椅，这一切让人惬意自在，像回到自己家一般亲切。

顾德新2008.06.21

沪申画廊的名为“2008.06.21”的顾德新个展于近日开幕，该展览取材于电脑游戏“模拟人生”，一个1990年的模拟游戏，重点是建立一个虚拟人生。展览利用镜子、三个大型建筑模型、影像和电脑打印在画廊的现实空间内制造出了虚拟。顾德新的批评并不是简单地针对城市化，而更主要的是利用反讽和戏谑的方式质疑我们对发展和力量的痴迷。为了从一个人工的和开放的数码资源中创造出意义，顾德新制造了一个潜意识的同时也是从任何方面来说都是有悖常情的反乌托邦的场景。他在展览中所使用的手法总是立足于使用手头的方案去和一个既定的展览空间的物理限制去协调，以找到方式将场所和空间中的对象合而为一。画廊空间的功用并不仅仅是为了提升艺术品的观众们去沉思他们内在的矛盾。否定了那种只向公众传递单一意义的期望，我们对一个展览所能说的，只能来自于我们自己的感知经验。

世界工业设计日

2008年6月29日，世界各地在上海1933老场坊内共同庆祝首次世界工业设计日。活动组织者Sim公司的初衷是想通过搭建一个平台，让工业界和上海本土的年轻设计师们汇聚在一起，共同探讨一些议题，诸如：上海未来的设计格局?上海的创意产业的出路何在?如何在工业设计中融合进生态设计的理念和方法?此次上海的活动分为三部分：创意比赛、设计演讲和讨论。此次的设计竞赛主题为利用一些可再生材料进行设计；而Frog-Design的Brandon Sibeck、桥中的黄蔚、同济大学的殷正声等则作为主讲嘉宾向听众分享了他们的作品和思想。

中国（上海）国际时尚家居用品展览会

2008年中国（上海）国际时尚家居用品展览会将于今年11月19~22日在上海展览中心举行。日前有超过十多个国家的50多个来自海外的著名品牌确认参展，并有三个国家的展商确认以展团形式参展。展会致力于为供货商、生产商及本土百货、零售业的经销商及买家创建一个有效的交流平台，并为优质品牌进入中国市场创造机遇。届时，一年一度的法兰克福国际春季消费品展Ambiente展会On Design设计师论坛也将移植到上海展会现场同期举办。由数十家百货及专业零售企业组成的专家委员会将成为本届展会的亮点。专家委员会将定期举办座谈会以探索本地百货家居市场的最新动态及行业发展趋势，并对展会作为拓宽市场的渠道有效性进行评估。与此同时，专家委员会还将组织全国各地百货及零售企业前来观摩展会，并作为中国家居用品风尚大奖的评审团成员参与到本次展会的各项活动中。

波斯经典对话米兰时尚

2008年6月18日~24日。"波斯经典"与米兰时尚家具品牌"艾宝家具（EXPOCASA）"在久光百货2楼中庭举办"'空间魔术师'，波斯经典对话米兰时尚"艺术展，即刻带您感受经典的波斯手织地毯与米兰时尚家具的完美艺术的演绎。千年传承的"波斯手织地毯"手工艺术与新生代"米兰时尚家具"在这一刻惊艳而又完美地向人们展示着传统与时尚的艺术之美和经典传奇。

The Connaught 伦敦卡洛斯广场隆重开幕

始建于1897年，位于伦敦Mayfair的著名酒店The Connaught，最近耗资七千万英镑进行整修及翻新工程后，再次于卡洛斯广场隆重开幕。The Connaught位于Mayfair心藏地带Mount Street，一个正在营造新的文化风格的地区。Mount Street汇聚不少伦敦最时尚的商店及餐厅，名店包括Marc Jacobs、新开幕的Balenciaga及Christian Loubotain。

到羽西之家感受季节变化中的"软装"时尚潮流

2008年6月27日下午，羽西之家诚邀诸多著名室内设计师，济济一堂与羽西女士共同探讨"季节变化，软装演绎时尚潮流"。活动中"中国元素在设计中的运用"、"软装是如何改变我们的生活"等话题诠释了"软装"时尚的概念，恰好与羽西之家"中西合璧"的艺术风格相得益彰。

Bang & Olufsen 缔造极致奥运体验

来自丹麦的世界顶级视听品牌Bang & Olufsen带来一个全新的奥运世界。百米飞人的闪电冲刺、举重力士的气拔山河，神射手的百步穿杨……想要见证奥运场上每一个动人的瞬间，又必须坚守工作岗位，这两者真的不可兼顾么？此刻，BeoVision9电视机奉上最完美的解决方案：内置的录像机和250G硬盘为使用者保留下奥运赛事直播中的每一个细节，直至开始欣赏，电动脚架立刻自动调节到最佳观赏位置；由世界上最快速的图像引擎推动运行的50英寸高清等离子屏幕呈现出比直播更清晰的精彩画面……突破时空的界限，于顷刻之间重现赛事现场，这就是B&O带来的奢华奥运体验。

法国室内建筑与设计事务所 E.G.A. 进军中国

知名法国室内建筑与设计事务所E.G.A.上海办事处正式成立，并在140平方画廊，举行了隆重的开业庆祝活动。在法国巴黎生活和工作多年的ERIC GIZARD就是其代表人物，他擅长于在当代装饰艺术中发掘了自己的创作灵感，在设计中从不舍弃历史元素传承，并擅于营造现代与传统完美结合的风格。作为一位无畏的全球知名设计师，他的广泛兴趣和才能使得他能够在多样不同的项目中取得成功。

"Sofapop 无处不在"上海大拇指广场站

近日，为演绎"sofapop无处不在"之概念，sofapop特在联洋社区大拇指广场举办了一场独具匠心的户外展示秀。展示活动以一个被制成钢琴样式的沙发作为主角，并配合欢乐悠扬的钢琴演奏曲音乐，顷刻间个性化家居的理念被体现得淋漓尽致。不仅如此，sofapop还同时向观众展示了其独有的产品定制服务。只要在线选择你最爱的颜色，或者直接上传图片，任何创意、任何生活细节都能栩栩如生地被展现在sofapop的家居产品上。

美标新品 IDS 亮相

近日，美标携旗下众多明星产品及时尚卫浴套间亮相第十三届中国国际厨房卫浴设施展览会，同时发布了全球同步上市的最新高端卫浴产品系列——"IDS"（Ideal Design Solutions 理想设计解决方案）。IDS产品系列向追求前沿设计理念以及自我个性的中国消费者诠释了"室如其人，天生不同"的全新理念，其在本次展览会上的高调全面亮相，进一步突显了美标在卫浴行业中的领先地位。

雅诗阁服务公寓进军苏州

雅诗阁国际于苏州的首家综合性购物休闲广场——绿宝广场里开设的服务公寓已于近日正式开业。 绿宝广场位于苏州西部的国家高新技术产业开发区——苏州高新区内。设有223间套房的苏州盛捷绿宝广场服务公寓正坐落于绿宝广场范围内。身为中国最大的服务公寓运营者，雅诗阁国际在中国拥有21家物业，约4000套公寓，分布在北京、大连、广州、上海、苏州、深圳、天津、西安和香港10个城市里。雅诗阁国际所管理的三大服务公寓分别是雅诗阁、盛捷和馨乐庭。

亚洲豪华旅游博览会

亚洲豪华旅游博览会为亚太区内唯一专为高消费旅游业而设的博览会，于2008年6月16日~19日在上海展览中心再度隆重举行。博览的运作俨如一所私人会所，所有与会人士均需凭邀请函出席，全程获专人接待，是汇聚全球豪华旅游业供应商及贵宾级买家于一地的顶尖盛事。亚洲豪华旅游博览正打算把邀请出席2008年盛事的买家数目增加一倍。亚洲豪华旅游博览与其他旅游展大相径庭，买卖双方可透过独特的预约系统在博览举行前事先安排会面详情。展商包括澳洲/新西兰Virtuoso、亚太区美国运通、Quintessentially、Ten Lifestyle Management以及众多专门安排豪华旅游的独立旅游组织。

乐家 2008 限量版运动盆上市

在2008年北京奥运盛会到来之际，ROCA乐家携手西班牙国宝级设计大师贾维尔·马里斯卡，共同推出2008限量版运动盆系列，让运动精神在卫浴世界继续传递。贾维尔·马里斯卡此前曾为巴塞罗那奥运会及汉诺威世博会设计吉祥物。此次2008限量版运动盆系列将限量发售2008套，它的设计灵感均源于奥运竞赛项目，以马拉松、游泳、网球、足球和行车作为设计元素。通过产品简洁的线条与灵感洋溢的描绘，突显其别致之处。该产品共分为五个系列——Diverta碟塔（网球）、Diverta碟塔（足球）、Zun至樽（自行车）、Bol波乐（马拉松）和Hall霍尔（游泳）。

Shokay 优雅登场

Shokay位于上海泰康路田子坊内，这是该品牌在中国的第一家零售店。Shokay是一个蕴藏着人性关怀的奢侈品牌，由来自台湾的乔琬珊，以及来自香港的苏芷君于2006年所创立，其产品是用牦牛绒为原料生产而来，Shokay是第一个将牦牛绒织品作为主营业务面向市场的品牌。凭着柔软度与山羊绒相媲美的优势，Shokay将牛绒编织成儿童系列、家居系列和成人配件系列。如今，Shokay与上海崇明岛内的编织团队一起工作，并为编织师创造安全、健康的工作环境，以公平为原则，不时嘉奖她们在编织艺术上施展出来的非凡才能。Shokay正努力做到将西部贫困地区、城市边缘的新农村和高度发达的都市乃至国际市场以产业链的方式衔接起来，资源共享、优势互补。

奇瓦颂进入上海外滩

近日，泰国奇瓦颂养生度假村在充满田园布置风格的上海外滩18号6楼上的Sens & Bund举行名为"奇瓦颂精华在Sens & Bund"的八天推广活动，推介奇瓦颂养生渡假村的水疗养生餐。2008年6月13日~21日期间，奇瓦颂的总厨师Paisarn Cheewinsiriwat飞赴上海外滩，与Sens & Bund餐厅的Pourcel兄弟团队合作，每天提供午膳及晚餐著名的水疗养生餐单。这是Paisarn、Pierre和Pourcel兄弟等主厨自2006年在巴黎Sens餐厅成功合作美食推广后，第二次合作。主厨Paisarn谈及这次合作时说"我和Jacques、Laurent Pourcel兄弟，以及Pierre Altobelli的友谊已建立好几年，这次有机会再次合作，我十分高兴。"

澳洲房产来华推广

2008年6月25日，澳洲威驰房产有限公司中国区首席执行官ColetteChester女士来到上海，向人们详细介绍了投资澳洲房产的详细情况。据她介绍，澳大利亚的生活品质是世界上生活水准最高的国家之一，它不仅拥有宜人的气候、舒适的生活环境、高质量的社会基础建设，而且还具备了世界一流质量的住房和教育环境。澳大利亚完善的健康福利保障体系，更是吸引人们移民到这个国家的重要原因。。据悉，澳大利亚的经济已持续增长了16年，并且仍然保持迅猛增长的态势。预计在未来的35年里，澳大利亚的人口将增长50%，人口数量也将由目前的2000万增长到3000万。澳大利亚的经济专家和房屋市场机构预测，新移民的迁入，将刺激澳大利亚房地产市场的发展。而稳定的经济增长和高速增加的人口，极有可能推高澳大利亚的房价。

灵感/过程/
方法/结果
室内设计师
INTERIOR DESIGNER
《室内设计师》是室内设计师的良师益友
室内设计师
中国建筑工业出版社
地 址 上海市制造局路130号1105室
邮 编 200023 电 话 021-51586235
传 真 021-63125798 联 系 人 徐浩
中国建筑工业出版社 主办
逢双月5日出版
开本 230×297mm 160页
定价 30元人民币